国家自然科学基金：奶牛不同养殖模式的演化、影响因素及效率的实证研究——以内蒙古为例（71463040）
内蒙古自然科学基金：消费者对国产乳制品的质量、安全的信任度与消费行为的趋势研究（2019MS07011）
内蒙古畜牧业经济研究基地资助

经济管理学术文库·经济类

奶牛养殖模式的演变、效率及影响因素研究

Research on the Evolution, Efficiency and Influencing Factors of Milk Cows' Breeding Patterns

乌云花／著

U0198950

经济管理出版社
ECONOMY & MANAGEMENT PUBLISHING HOUSE

图书在版编目（CIP）数据

奶牛养殖模式的演变、效率及影响因素研究/乌云花著 . —北京：经济管理出版社，2020. 10

ISBN 978 - 7 - 5096 - 7495 - 6

Ⅰ . ①奶⋯　Ⅱ . ①乌⋯　Ⅲ . ①乳牛—饲养管理—研究—内蒙古　Ⅳ . ①S823. 9

中国版本图书馆 CIP 数据核字(2020)第 164422 号

组稿编辑：曹　靖
责任编辑：曹　靖　郭　飞
责任印制：黄章平
责任校对：王纪慧

出版发行：经济管理出版社
　　　　　（北京市海淀区北蜂窝 8 号中雅大厦 A 座 11 层　100038）
网　　址：www. E - mp. com. cn
电　　话：(010) 51915602
印　　刷：北京玺诚印务有限公司
经　　销：新华书店
开　　本：720mm × 1000mm/16
印　　张：10. 5
字　　数：132 千字
版　　次：2020 年 10 月第 1 版　　2020 年 10 月第 1 次印刷
书　　号：ISBN 978 - 7 - 5096 - 7495 - 6
定　　价：78. 00 元

前　言

　　近年来，政府对奶业的补贴力度很大，尤其是针对家庭牧场和奶业合作社的补贴数额很大。与此同时，内蒙古的奶牛养殖模式也正在发生变化，不同规模的牧场不断涌现，以奶牛养殖为生计的小规模养殖户有了逐渐退出奶业的趋势。本研究利用分层随机抽样的方法，对奶牛养殖散户、养殖小区、家庭牧场及奶业合作社等奶牛不同养殖模式进行调研。首先，结合文献梳理不同养殖模式的演化趋势，掌握不同养殖模式的发展变化规律；其次，对不同养殖模式进行横向和纵向对比，从硬件条件和软件条件、投入和产出等各个角度进行对比研究，判断不同养殖模式的优势和劣势；再次，利用数据包络分析方法和随机前沿函数模型分析方法，对比研究不同养殖模式的效率，从效率角度评价不同养殖模式；最后，利用计量模型分析小规模养殖户的退出在多大程度上是由于政府对规模偏好导致的制度变迁，以及影响小规模养殖户退出的其他主要因素，并关注了以奶牛养殖为生计的小规模养殖户退出奶业后的就业、生计和收入变化。

　　梳理不同学者关于奶牛养殖模式的发展演变规律得出的主要结论如下：第一，关于小规模养殖户的研究，一部分学者认为小规模奶农选择退出奶业是产业发展的必然趋势，是市场选择结果；也有一部分学者认为小规模奶农选择退出奶业不是市场自然选择的结果，是政府补贴大规模养殖的制度因素导致的。第二，关于奶牛养殖的影响因素，归纳学者们的研究结论得出，奶牛养殖的影响因素可以归为交通及市场条件、国家宏观政策、产品价格、养殖成本、地区资源禀赋、家庭就业及收入条件、农户自身特征及相关激励因素等。第三，关于奶牛养殖模式的效率，一部分学者认为虽然小规模养殖的效率不是很高，但是小规模养殖的效率更加稳定；另一部分学者认为中规模养殖的效率比小规模养殖的效率和大规模养殖的效率都高，中规模养殖模式相比较而言更具有持续发展潜力；多数学者认为大规模养殖有规模优势且效率更高。本书认为，考虑到环境保护及产业可持续发展，奶牛养殖规模不宜太大，结合饲养成本及资源禀赋，适度规模养殖应该是未来可持续发展的养殖模式。

通过研究奶业合作社和奶农得出的结论如下：第一，奶业合作社和奶农的关系还没有形成真正意义上的能共担风险也能共享利益的合作关系，未来任重道远。很多奶业合作社吸纳奶农加入只是为了满足工商注册的要求，也是为了达到规定的养殖规模从而获取国家养殖补贴。第二，从目前来看，加入合作社的奶农与没有加入合作社的散户的区别主要体现在加入合作社的奶农需要在统一地点饲养自己的奶牛，统一时间完成挤奶和售奶的劳动。另外，有些合作社为了吸引奶农加入，把加入合作社的奶农的牛奶价格定得比没有加入合作社的奶农的牛奶价格稍微高一些。

关于养殖小区和牧场的研究得出的结论如下：第一，规模牧场在牛舍条件及机器设备等固定资产投入方面比养殖小区好得多。第二，规模牧场在技术人员的配备及科学饲养投入方面也远胜过养殖小区。第三，相对来讲，规模牧场在奶牛养殖的精粗饲料投入及劳动力投入方面比养殖小区多一些，相应的产出也比养殖小区高一些。但是在饲料价格持续上涨及环保压力不断增加的双重压力下，规模牧场的利润空间不断缩小，养殖小区更是在艰难中前行。

从宏观和微观角度对不同规模养殖进行对比研究得出如下两点结论：第一，利用统计年鉴数据从宏观角度研究不同规模养殖的投入和产出发现，在饲料投入和人工投入方面，大规模养殖比其他规模养殖投入多，产出也多；在产出方面，规模大的产出比其他规模养殖的高。第二，利用实地调研数据，从微观角度研究不同养殖规模牧场发现，大规模牧场的饲料费用和人工投入费用明显比中规模和小规模牧场的高，但是成本利润率却不高，中规模和小规模牧场的成本利润率反而比大规模牧场的高。这可能是由于大规模牧场规模太大，疾病防控和防疫投入多、压力大，环保压力和投入也大，容易导致各种成本无法控制，所以成本利润率反而比其他规模牧场的低。因此，大规模牧场虽然有规模优势，容易获得规模效益，但是规模太大不容易合理控制各种投入成本，如果粪污处理不当，也容易造成环境污染，所以只有适度规模经营才具有可持续的发展潜力。

对奶农、奶业合作社及牧场采用数据包络分析方法进行效率研究，得出如下几点结论：第一，奶农、奶业合作社及牧场这三种养殖模式的规模效率、技术效率及综合效率都没有达到最佳水平，都有提升空间。相对来讲，牧场的技术效率和综合效率比其他两种养殖模式的高。就规模效率而言，牧场和奶业合作社的比较接近，但是都比奶农散养的高。进一步研究也发现一半以上的奶农散养技术效率达到了最优水平。第二，奶农散养的各种要素投入都存在大量冗余，这也说明散户在各种要素投入方面需要科学合理的安排。第三，奶农散养的奶牛头均产量变动大，即单产最大值和最小值的差距很大，这说明奶农的奶牛单产有一定的提高空间，可以通过提高单产，进一步提高奶牛养殖的效率。

对奶农、养殖小区及牧场采用随机前沿生产函数分析方法进行效率及影响因素研究，得出如下几点结论：第一，超对数生产函数模型结果显示，奶农、养殖小区及牧场都存在技术效率损失。第二，要素投入的产出弹性研究结果表明，劳动力要素投入存在过剩现象。另外，固定资产的产出弹性比其他投入的大。第三，随机前沿生产函数模型结果显示，奶农、养殖小区及牧场的技术效率都没有达到最优，奶农、养殖小区及牧场的技术效率值分别为 0.7、0.8 和 0.9。第四，进一步研究影响效率损失的决定因素发现，养殖模式和养殖规模对技术效率损失产生了负向的显著影响，精粗饲料比和养殖年限对技术效率损失产生了正向的显著影响。这说明，养殖模式和养殖规模对技术效率的提高有推动作用，精粗饲料比和养殖年限对技术效率的提高起到了阻碍作用。

关于奶农选择退出奶业的决定因素研究得出如下几点结论：第一，政府对大规模养殖的补贴政策在统计上显著影响了小农户选择退出奶业的行为。另外，户主自身特征、奶农家庭特征、非农就业的激励因素及市场条件等因素也对小农户退出奶业的行为起到了显著的推动作用。第二，进一步对退出户的生计和就业的研究表明，小规模养殖户退出奶业以后面临很多困境，再就业遇到困难，收入水平下降，甚至生计问题遇到挑战。第三，继续从事奶牛养殖的小农户仍然面临着进退两难的困境，饲料价格在持续上涨，而原料奶的价格不变甚至下降，导致多数小奶农面临着入不敷出的困境。

本书针对以上研究结论也讨论了相应的政策含义。第一，基于目前奶农与奶业合作社的松散关系，一方面，政府要提高奶业合作社工商注册的门槛，要实地核实提交纸质材料的真实性，政府部门的监督工作要做到位，才有可能产生符合合作社法规定的合作社，奶农才有可能由于加入合作社组织而受益；另一方面，奶农考虑加入合作社前要对自己的奶牛进行专业估价，要求以奶牛入股形式加入奶业合作社，要求以股东的身份参与合作社的生产决策及管理活动，留存以合同形式体现的所有纸质条款，维护自己的法律权益，增强维权的法律意识。政府要协助奶农维护他们的合法权利，要监督合作双方逐步形成共同分担生产和市场的风险，共同分享生产和市场带来收益的利益共同体。

第二，基于原料奶供给方在牛奶价格确定上缺乏话语权的现实，为了保障原料奶供应方的合理利益，政府要发挥市场监督监管的作用，积极协调利益各方，建立健全原料奶价格形成机制。价格机制中原料奶的价格必须由原料奶供应各方包括奶农代表、奶业合作社、养殖小区、牧场及乳品加工企业共同协商确定，政府监督并实时公之于众，发挥广泛的社会监督力量，有效维护乳品供应链各方的合法利益，尤其要保障原料奶供应方的合理利益，整个乳品供应链才能有可持续发展的基础。

第三，奶农、奶业合作社、养殖小区及牧场的效率都还没有达到理想的最优水平，尤其是中小规模养殖模式的效率还有很大的提升空间。政府需要发挥正确的引导作用，使中小规模养殖模式逐步适度地扩大养殖规模，逐步获得合理扩大规模带来的效益。小规模养殖户扩大规模需要政府的扶持。不同养殖模式都应在改良品种和科学饲养上下足功夫，努力提高单产，合理控制成本，提高效率。

第四，不同养殖模式面临的共同困难是饲料成本的持续上升。

饲料成本是整个养殖成本中最主要的部分，也是不同养殖模式难以盈利或在微利中经营的主要原因。政府要发挥监管饲料价格促进市场正常运作的作用，必须防止奶牛饲料价格的盲目无序上涨。不同养殖模式在考虑扩大养殖规模时需要充分考虑是否拥有降低饲料成本的资源禀赋，比如是否拥有足够的土地禀赋可以自我解决一部分饲料供给问题，从而有效控制饲料成本。另外，不同养殖模式需要在精饲料和粗饲料的科学配比上下功夫，努力在不降低产出的情况下降低饲料成本，提高收益。

第五，小规模奶农面临进退两难的现实困境涉及的社会发展公平问题值得关注。虽然具有一定规模的养殖有利于获取规模效益，也有利于相关职能部门原料奶的安全监管，但是政府扶持规模经济要兼顾效益和公平，小规模养殖户也是产业发展不可或缺的力量，也需要政府的扶持。奶牛养殖业的转型升级需要时间，需要逐步进行，政府应该对小规模养殖户逐步规模化转型给予一定的支持，帮助小规模奶农逐步实现优质奶牛规模化生产。政府也要考虑将退出奶业面临生计问题的小农户纳入到贫困档案里，适当地给予帮助，提供就业能力培训机会，使退出户能够尽快减轻再就业压力，提高家庭收入。

由于笔者水平有限，编写时间仓促，存在错误和不足之处在所难免，恳请广大读者批评指正。

笔者

2020 年 5 月 13 日

目　录

第1章 引言

1.1 研究背景及研究意义

随着我国乳制品消费需求的增加，乳业产业结构调整步伐加快，从依靠数量增长的"粗放型"增长方式逐步转向规模化、标准化、优质化的"集约型"增长方式（刘希等，2017）。散养户和小规模养殖户退出、规模养殖户扩大规模带来了整个奶牛养殖业生产主体结构的转变（刘长全等，2017）。国内奶牛养殖模式正在发生结构性变化，小规模养殖户比例在逐渐下降，其他新型养殖模式不断出现（乌云花等，2015）。我国奶业进入转方式、调结构、创模式、强管理、提质效的新阶段（钱贵霞等，2015）。

近年来，政府对奶业支持力度很大，与此同时，内蒙古的奶牛养殖模式正在慢慢发生变化，小规模养殖户比例在逐渐下降，其他新型养殖模式不断出现，有很多问题值得研究。例如，小规模养殖户的逐步退出是政府的规模偏好导致的强制性制度变迁，还是小规模养殖户自愿选择的制度变迁？奶牛养殖模式发生变化的背后的制度原因是什么？哪些因素影响了小规模养殖户的退出？小规模养殖户退出奶业后的就业、生计和收入有什么变化？不同养殖模式的投入和产出区别大不大？不同养殖模式的技术效率和规模效率有什么区别？哪些因素影响奶牛养殖效率的高低？到底哪种养殖模式更适合未来发展？回答这些问题对未来奶牛养殖供应链的健康、持续发展具有重要的指导意义，对国家的脱贫及反贫困有一定的借鉴价值，对社会发展的公平问题也有重要意义，还是制定和实施从供应链的源头环节保证乳制品安全的相关政策时必须了解的问题。对这些问题的深入研究具有一定的学术意义和现实意义。

从相关文献的阅读中发现，国内外学者过去研究主要针对乳业产业链与组织模式、原料奶的溯源及政府监管、规模化养殖、技术效率、奶牛养殖的成本收益及乳品消费等方面。虽然学者们对奶牛不同养殖模式也进行了大量研究，但是研究结论存在一定的分歧，其中鲜有研究去挖掘不同养殖模式存在的背后的制度因素，尤其很少有学者针对小规模奶农退出奶业的影响因素及退出之后的就业、生计及收入变化进行研究。本研究关于奶牛不同养殖模式的演化、影响因素及效率的实证研究对未来奶牛养殖业的可持续发展具有一定的指导意义。

1.2　研究目标与研究内容

本书主要以内蒙古为例，利用分层随机抽样的针对不同养殖模式的第一手资料，梳理不同养殖模式的演化趋势，探索小农户的退出在多大程度上是由于政府的规模偏好导致的强制性制度变迁以及其他主要影响因素，对比不同养殖模式的规模效率和技术效率，探索影响奶牛不同养殖模式效率的决定因素。然后从社会发展公平角度出发，研究以奶牛养殖为生计的小农户退出后的就业、生计和收入变化，从而为未来内蒙古奶牛业发展提供实证依据，为国家制定兼顾社会发展公平的奶业相关政策提供一些政策建议。

为了实现上述研究目标，本书设立了如下几方面的研究内容：

（1）文献述评。

文献回顾梳理不同养殖模式的发展历程，探索养殖模式发展变化的背后的制度因素，研究不同养殖模式的演化趋势。与此同时，通过阅读大量的文献，总结奶牛不同养殖模式及效率的影响因素，对比学者们的不同观点和主要研究结论。

（2）奶牛不同养殖模式的统计描述对比分析。

对内蒙古目前存在的四种主要奶牛养殖模式（包括农户分散饲养模式、养殖小区模式、家庭牧场模式及奶业合作社模式）进行简单的统计对比描述分析。主要对比不同模式的管理者个人特征（包括年龄和受教育程度）、生产经营特征（包括奶牛饲养规模、从事养牛年数、牛奶销售方式即是否是合同销售）、劳动力规模、资金来源（即自筹还是借贷等）、外部环境（比如地区交通条件等）、市场条件（即离加工企业远近等）、制度因素（包括政府补贴制度、经营管理制度等）、养殖硬件和软件条件（比如牛舍条件、技术人员构成等）、挤奶方式、牛奶生产成本、牛奶价格、生产者收益、收购要求、信息渠道等，初步评价不同养殖模式的优缺点。

（3）奶牛不同养殖模式的效率对比研究。

从效率角度对比研究不同养殖模式的综合效率、纯技术效率和规模效率,研究影响效率的决定因素,探索适合内蒙古实际情况的奶牛养殖模式。

(4)小农户退出奶业的影响因素研究。

研究小农户的退出在多大程度上是由于政府的规模偏好导致的强制性的制度变迁,以及其他影响小农户的退出的主要影响因素。另外,研究以奶牛养殖为生计的小农户退出奶业后的就业、生计和收入变化情况。

(5)在以上研究的基础上,探讨其政策含义,从社会发展公平角度出发,提出适合内蒙古实际情况的可持续发展的奶牛养殖模式和提高奶牛养殖收入的政策建议。

第 2 章　文献综述

2.1　奶牛养殖模式的演化

乳业供应链前端的养殖模式的演变过程，是人类自给自足经济逐渐向市场经济演变并不断满足社会需求的变化过程（白文怀等，2016）。奶牛养殖模式从国有牧场养殖到家庭式散养，再演变为小区化养殖，最后发展到规模化牧场和企业化牧场养殖（詹冬玲，2013）。已有研究表明，目前确立的模式是政府政策支持和企业适应市场需求的养殖模式类型，往往是几种模式并存（白文怀等，2016）。三聚氰胺牛奶丑闻发生后，大约 1/4（26%）的奶农进入了养殖小区，而该事件之前只有 2% 的奶农进入养殖小区（Mo 等，2012），该研究结果还表明，国家的奶业政策更有可能说服规模更大的奶农加入养殖小区，较大规模的奶农加入养殖小区会从中受益更多，总体而言，政府政策有效地将一些养殖散户转移到了养殖小区。在产业政策的调整下，我国的乳品产业链由松散分散转向紧凑集约，养殖小区将逐步取代家庭散养（于海龙等，2012）。有学者认为引领奶业适度规模经济的一种有效的养殖模式是家庭农场，并且提出职业奶农是家庭农场的经营主体（孙溥，2015）。关于黑龙江散养生产模式的研究表明，不管是在外部环境条件还是制度因素的影响下，最主要的问题是散养户的组织化程度较低、养殖规模较小、缺少话语权、技术水平落后、缺少人力和资金（杨志武，2012）。对散户模式的演进规律的研究显示，散户模式的发展是由内部因素和外部因素共同作用的结果，内部因素是奶农对利益的追求，外部因素是指消费者、经济、政治等因素，并且散户目前处于衰退阶段，预测在2020年左右，散户会选择退出奶业或者进行联合养殖（李翠霞等，2012）。有学者从产业政策角度进行研究，认为我国奶牛养殖主体的新旧更替中，无论是从经济能力还是政策产生的影响力和竞争力来说，散养奶农和规模化的养殖场相比较均处于不利地位，推出规模化养殖政策并执行的时候，散养奶农对规模化政策只能被动地接受，但他们转变能力有限，最终退出了奶业（姚梅，2013）。从组织化角度研究的学者也认为就养殖场、小区和散户三种养殖模式的组织化程度评价时，养殖场是组织化程度最高的养殖模式，散户是组织化程度最低的养殖模式（李翠霞等，2014）。持类似观点的学者也认为散户的退出是奶业产业升级的必然结果，未来主要的奶牛养殖模式将会是标准化、规模化的公司制牧场、农民入股的合作社及种养相结合的家庭牧场（张维银，2013）。从制度角度研究的观点是散养存在的问题和矛盾不仅是由制度弊端引起的，也是由于传统的观念导致的，要想解决问题和矛盾就需要引入新的机制和体制，形成利益共同体，共同承担风险，共享利润（张永根等，2009）。美国的研究表明，50%以上的美国畜牧业采用一体化经营，其中，奶业一体化经营所占比重最大，超过98%，奶业合作组织体系在美国相当发达，主要有供应合作社、奶牛改良合作社及销售合作社等（亦戈，2008）。一项法国乳业研究指出，价格信号是结构变化的关键因素，较高的牛奶价格可能会加速奶牛场的结构变化（Arfa 等，2015）。

随着我国乳制品消费需求的增加，乳业产业结构从粗放型增长方式逐步向集约型增长方式调整（刘希等，2017）。各种养殖主体开始实践各种形式的奶牛养殖模式，以实现集约化、标准化的规模养殖（郜亮亮等，2015）。结合我国的实际情况，农户内部的规模扩大将是一个长期的进程，当前应该重点推进农户外部的合作，即建立农业合作组织，通过农户之间的合作，达到降低交易费用的目的（蔡秀玲，2003）。如果说家庭承包经营制度是在农业微观经济组织创新领域发生的诱致性制度变迁，那么奶业产业化经营和奶业合作社结合则是在相对高层次上对微观经济组织的重新组合，是政府主导型制度变迁（宝音都仍等，2006）。从产品生命周期（PLC）理论讲，现在散户处于成熟期的下滑阶段，导致散户退出的原因有政治、经济、消费者和奶农的逐利行为（李翠霞等，2012）。由于受饲料成本上升、用工成本增加、疫情频发以及进口奶粉冲击等因素的影响，奶牛养殖效益大幅下降，散户亏损比例增加，奶农逐渐退出奶牛养殖（冯艳秋等，2012）。原料奶供应商与生产商之间存在个人理性与集体理性冲突，要解决这一冲突就需要设计一种制度，在满足个人理性的前提下达到集体理性而非片面地否定个人理性（周宪锋，2012）。在当前以小规模散养为主的生产组织方式和以生鲜乳中间商（奶站）销售为主的交易方式所共同形成的奶业发展模式下，生鲜乳不仅在营养成分的含量上处于较低水平，更在影响人体健康的安全方面存在重大隐患（钟真，2011）。

不同规模养殖的成本和收益方面的研究在一定程度上解释了养

殖模式演化的动因。奶农养殖成本之所以提高，原因在于无法充分
实现规模报酬递增，奶农饲养规模很小，达不到现代大规模生产技
术所需的最低饲养规模（王淋峰，2008）。一家一户的散养可能未能
充分发挥内蒙古优越的资源禀赋条件，相反，较低的技术水平和精
饲料不足的劣势却得以凸显（于海龙等，2012）。在交易过程中，如
果奶农的利益难以得到满足，奶农将被迫选择退出（侯守礼等，
2004）。我国奶业产业最大的"软肋"是奶农的谈判地位低下以及
由此引起的交易利益分配不利（谢霞等，2010）。中国乳品产业一体
化的根本问题还是在于奶农和乳品企业的利益没有捆绑在一起，产
业链不在一个架构上（文娟，2010）。从生产饲料角度讲规模化奶牛
养殖场有优势，规模化奶牛养殖场通过自己生产精饲料，大大节省
了成本，提高了养殖效益（宋亚攀等，2010）。随着养殖规模的增
大，每头奶牛的年产奶量、养殖奶牛的总收入、原料奶收入和净收
入都呈现先上升后下降的趋势，并且在 6 ~ 10 头的养殖规模下达到
最大值（朱娟，2009）。不同规模奶牛养殖的成本和收益方面的研究
指出，大规模和中规模养殖的奶牛单产显著高于散户和小规模养殖
的单产（辛国昌等，2011）。规模养殖场、养殖小区和散养户三种养
殖模式饲养管理现状和生鲜乳的产量的对比研究也表明，规模养殖
场所产生鲜乳的营养指标和卫生指标普遍优于养殖小区和散养户
（冯艳秋等，2012）。养殖规模达到 2000 头左右时，在原料奶的质量
与原料奶的安全两方面能够同时达到最优，利润率也会达到最大
（梁亚静等，2012）。但是，柯布—道格拉斯生产函数对奶牛养殖的
最小经济规模的测算结果表明，最小养殖规模为 30 头左右，其中产
奶牛 20 头以上比较合理，可以获得较好的利润（花俊国，2013）。
有学者从生产率、稳定性、适应性、公平性和自控力五个属性指标

出发，构建适用于奶牛规模化养殖可持续性评价的指标体系，研究结论显示，大规模养殖场的可持续性最高，小规模养殖场的可持续性居中，中等规模养殖场的可持续性最低（赵文哲等，2013）。我国规模化养殖门槛低，虽然牧场数量最多，但是奶牛平均头数却最少（刘芳等，2014）。也有学者把原料奶的长期供给弹性分为人口对价格、饲养规模和产量的弹性，指出原料奶的各相关弹性随着养殖规模的变化而变化，因为养殖规模的不同引起资本密集程度、养殖的专业化水平、进退频率等因素的不同（Adelaja，1991）。奶业离不开政府支持，关于美国马萨诸塞州的奶农的研究指出，许多奶农通过参加州和联邦政府的奶农税收抵免计划等奶业项目提高了农场的生存能力，改善了农场业务，并最大程度减少了负面影响，保证了收益（Whitman 等，2017）。

中国的经济制度在改革开放前是中央计划经济体制，养殖模式是国营和集体养殖，改革开放后，政府允许以家庭为单位进行农牧业生产，于是家庭分散养殖模式诞生（白文怀等，2016）。中国农业发展面临日益严重的小规模经营生产方式的制约，农业现代化进程面临巨大的挑战，农业小规模生产同农民增收之间矛盾、农户分散经营与现代农业及食品安全之间矛盾日益突出（黄季焜，2010）。三聚氰胺事件后，社会关注的焦点是乳品安全，政府为了保障生鲜乳质量，也为了降低行政管理成本，开始提倡标准化规模的养殖，出台了包括对规模化牧场和奶业合作社补贴政策的一系列政策，大规模甚至超大规模牧场数量快速增长，小规模散户养殖出现了大量退出奶业的现象（白文怀等，2016）。奶牛养殖业生产主体结构的转变体现在小规模养殖户的逐步退出和规模养殖户的逐步扩大上（刘长全等，2017）。我国奶业进入转方式、调结构、创模式、强管理、提质效的新阶段（郑军南等，2016）。也有研究表明，从农业的功能扩展来说，小农户不可能消失；从农业分工的深化而言，小农户则能够融入农业现代化的发展轨道（罗必良，2020）。

制度的形成与交易费用之间存在着内在联系，要深入分析制度变迁的过程，就必须考察制度环境中所存在的各种交易费用，只有紧紧抓住交易费用这个关键变量，才能理清制度演化的内在逻辑，预测制度未来的演变方向（徐美银等，2009）。组织制度变迁过程是各方利益不断博弈的结果，政府在很大程度上起到了制度供给作用，中国奶业产业组织变迁基本上是政府主导的供给型的制度变迁（王威等，2004）。中国与发达国家比较研究表明，中国政府对奶业基础环节扶持力度不够（刘芳等，2014）。奶业产业化经营和合作社结合是产业内部关系的优化整合，并非政府推行的强制性制度变迁，也不是经济活动当事人在利益驱动条件下产生的诱导性制度变迁，而是介于两者之间的政府主导型的制度变迁（宝音都仍等，2006）。退出对于奶农而言是一种消极的抵抗方式（侯守礼等，2004）。在缺乏可信的合同保障制度情况下，容易出现进退两难的套牢问题（Hobbs等，2005）。市场力量在契约关系中表现为谈判力量，公司在契约中的地位明显优于奶农，在原料奶的交易中，市场力量强的一方有权进行质量检测，从而达到对交易价格的控制（侯守礼等，2004）。从国外乳业发展来看，进口限制和牛奶生产配额制是加拿大乳业主要的管理措施，并使得乳业成为加拿大农业中受支持程度最高的行业，加拿大的牛奶供应管理体系被视为协助牛奶生产者获取更好销售价格的范例（路遥等，2012）。加拿大的乳制品行业是国家较大的农业部门之一，在很大程度上免受世界市场的波动（Barichello等，1999）。以奶农利益保护为落脚点，加拿大建立了多层次且相对封闭的奶业供给管理体系，其核心是价格支持、配额分配、收益共享与贸易管制及建立相应的组织框架（刘长全等，2012）。澳大利亚于2000 年 7 月 1 日确立了新的政策改革方案，同时废除了国内市场支持计划和鲜奶规范，并且允许市场定价（路遥等，2012）。1984 年以前，新西兰对农民的支持高达农民收入的40%，1984 年之后，新西兰对农牧场的支持力度大幅削减，1988 年，政府停止参与乳制品价格的计算和制定（路遥等，2012）。

在奶牛养殖模式演化过程的研究中，学者们关于小规模养殖户的研究存在的分歧比较大。一部分学者从产业发展和食品安全角度认为，小规模养殖户退出奶业是产业发展的必然趋势，规模化的牧场取代小规模散户养殖是产业升级的必然趋势。也有一部分学者从效率角度认为，小规模养殖效率更趋于稳定，小规模养殖户退出是政府补贴大规模导致的制度因素引起的无奈之举，不是市场选择的结果。也有观点认为从农业功能和分工角度讲小农户不可能消失。

2.2　奶牛养殖的影响因素

在奶牛养殖的影响因素方面，学者们的研究结果表明，市场及交通条件的发展、国家政策、鲜奶价格、资源禀赋、家庭非农就业、家庭收入、养殖成本、养殖经验及激励因素等显著影响了奶农的奶牛养殖选择行为。制约我国奶牛养殖效益的因素可以归纳为六个方面，分别为：牛群品质差，结构不合理；养殖方式落后，饲养管理粗放；日粮配比不科学，饲料转化率低；发展方向不明确，科技支撑体系薄弱；疫病防控意识差，防治体系不健全；环保意识淡，饲养环境差（张吉鹃，2014）。北京周边地区奶牛养殖农户的决定因素研究表明，乳品加工企业的发展和布局是影响农户奶牛养殖发展的最主要因素，此外，当地的交通条件和家庭非农就业等也起到了显著的影响作用（乌云花等，2007）。对内蒙古周边地区的研究表明，奶站的发展和国家补贴政策对奶农的奶牛养殖起到了显著的作用（乌云花等，2012，2014）。影响奶农生产行为的因素有生鲜乳收购价格、土地及劳动力资源禀赋和资金支持等（王莉等，2012）。影响奶农采取安全生产牛奶行为的因素包括政府的强力监督、畜群规模、与加工者的合同、原料奶的售价、奶农的风险态度和是否加入新型养殖小区等（Yu 等，2018）。关于印度尼西亚的奶业合作社与奶农关系的研究指出，大多数成员认为合作社提供的服务很好，但是合作社成员的小型奶牛场在生产率和利润方面相对较低，大型奶牛场的生产率和利润率高于小型奶牛场，合作社需要对小型奶牛场成员提供更多的指导和更密集的服务（Asmara 等，2017）。爱尔兰的奶牛养殖业对牛奶价值链参与者和社会产生了积极的影响（Chen 等，2017）。美国明尼苏达州的中小规模牧场在牛奶价格低廉的年份考虑多元化的战略，将替代收入来源纳入农场运营，包括作物收入、农作物保险、非农收入及政府项目补助等，稳定了整个牧场的盈利能力（Mahnken 等，2018）。巴西奶牛场的研究表明，只有奶牛场生产的各种投入要素的合理组合和集约投入才能产生更高的利润（Ferrazza 等，2020）。澳大利亚奶业的研究表明，为了维持可接受的生活水平，留在小型农场的奶农必须不断寻求提高其技术效率和劳动生产率的办法，确保所使用的要素投入组合能够使生产成本降低

（Westbrooke 等，2017）。印度尼西亚的大多数奶牛养殖者都是奶业合作社的成员，他们获得了用于奶牛生产和浓缩饲料的贷款，这是对提高奶牛和牛奶的生产率以及增加全国牛奶产量都很有用的措施（Atmakusuma 等，2019）。巴西奶业的研究结果表明，可用于饲料种植的土地面积是巴西南部小型奶牛场生产牛奶的关键因素，而即使对于高度市场导向的奶牛场，浓缩饲料的作用也不太重要，另外，乳制品合作社也对牛奶生产起到重要作用（Neutzling 等，2017）。印度乳业的研究表明，农户的家庭养牛传统和土地决定了农户是否参与乳制品生产，另外，规模较大的牧场的牛奶生产与其生计的改善有密切的正相关关系（Squicciarini 等，2017）。

2.3　奶牛养殖模式的影响因素

关于奶牛养殖模式的影响因素，学者们从各个角度进行了一系列研究。影响规模化养殖经济收入的因素有：地域、债务与股本比、挤奶技术、建筑物质量、牛的品质和管理者的教育程度（Moschini，1988）。澳大利亚的奶业研究结果表明，若拥有 500 多头奶牛的农民采用特殊精度技术，比如自动移杯器、自动牛奶厂清洗系统、电子奶牛识别系统和畜群管理软件等，其养殖效率比规模较小的农场高出 2 ~ 5 倍（Gargiulo 等，2018）。对于美国缅因州奶农场的研究表明，影响退出奶牛养殖的因素有：年长的生产者、更高的非农业收入、低回报的可变成本和大农场收入多元化等（Bragg 等，2004）。紧凑的价格策略和适度增加奶牛头数可以延缓奶牛场的退出，发展压力和历史性的低失业率会加速奶牛场退出奶业养殖（Foltz，2004）。关于内蒙古呼和浩特周边地区的研究表明，小农户退出奶业的影响因素有政策因素、保险制度、激励因素及户主养殖经验等，尤其是政府对大规模养殖户的补贴政策对小规模奶农选择退出奶业的概率的贡献达到 0.37（乌云花等，2015）。也有研究表明养殖经验有时也起负作用，经验越少的奶农表现出更强的提高牛奶产量的意愿，经验本身对于提高产奶量有负面影响，因为年龄和经验是相联系的，年龄越大，经验越丰富的奶农就更加不愿进一步发展生产，因此，实际经验成为了阻碍（Hansson 等，2011）。美国家庭农场持续退出的研究表明，劳动力数量的不断减少和政府支持强度的降低起到了关键作用（Mishra 等，2014）。2003～2009 年，研究保加利亚奶业结构变化的影响因素指出，退出养殖的主要因素是：家庭的老龄化、健康问题和非农就业以及没有实施现代化供应链和牛奶的质量标准等（Herck 等，2015）。关于土耳其奶牛场的研究表明，大型牧场的利润率（16.91%）几乎是小型牧场的利润率（5.95%）的 3 倍（Gencdal 等，2019）。埃塞俄比亚中部高地奶业研究结果表明，小型奶牛场的成本要比大型奶牛场多38%，大型奶牛场的年收入比小型奶牛场高55%，大型奶牛场的毛利润比小型奶牛场高 3 倍以上，小型奶牛场和大型奶牛场的成本效益比分别为 1.43 和 2.24，可见大型奶牛场比小型奶牛场的利润高很多（Diro 等，2019）。

学者们对奶牛养殖模式演化过程中形成的分类有不同的看法。有学者按现代化程度把我国主要的原料奶生产组织模式分为三种，包括牧场、奶牛小区和农户散养（卜卫兵等，2007）。类似的分类比如按规模化程度划分，将我国奶牛养殖模式划分为规模奶牛场、奶牛养殖小区和散户饲养三种模式（李胜利，2008）。也有研究将内蒙古乳业生产模式分为养殖户分散养殖以及新型组织模式两种，其中新型组织模式包括牧场园区饲养模式和业主规模化饲养模式两种（道日娜等，2009）。还有一种支持两种模式的研究的分类结果：一种是"公司＋奶站＋农户"的传统模式，另一种是"公司＋自有规模牧场"的模式（张海清等，2012）。也有学者将我国奶业发展模式的历史变迁分为四种模式："国营奶牛场主导"模式、"散养与规模养殖并存"模式、"公司＋农户"模式及"公司＋农户"优化模式（孔祥智等，2009）。还有学者根据产业链中利益关系主体的不同关系，把奶牛目前存在的模式划分为散户模式、奶站模式、养殖小区模式和牧场模式（李翠霞等，2012）。也有学者运用 AHP 方法对呼和浩特奶业产业化组织模式进行综合评价后得出，"企业＋奶业合作组织＋奶农"模式将成为呼和浩特未来奶业的发展模式（姜冬梅等，2010）。强调合作社作用的研究表明，应大力扶持能够有效运作的奶农专业协会及奶业合作社等合作经济组织（杜富林等，2012）。有学者认为未来我国奶牛养殖发展的主要模式应该有三种，公司牧场、家庭牧场及奶牛养殖合作社，而个体散养户将完全退出养殖行业，奶站自然也将被取缔，奶源安全也会有所保障（张维银等，2013）。

2.4　奶牛养殖的效率及影响因素

目前，国内外学者们对不同养殖模式的效率及测定效率的方法进行了较为广泛的研究。有学者认为在保持其他因素不变的情况下，中小规模养殖模式的技术效率明显高于散养模式，且中小规模养殖模式的产出效率更稳定（郜亮亮等，2015）。但是也有学者指出，养殖规模越大效率越高（钱贵霞等，2015）。新疆家庭奶牛单产水平的主要因素研究结果说明，奶牛养殖品种是影响奶牛单产水平最重要的因素（王贵荣等，2010）。在养殖模式前端主要包括散户养殖、养殖小区及牧场三种养殖模式，相对来讲，养殖小区模式在降低成本、提高收益方面有一定的优势（Wu 等，2015）。不同奶牛养殖规模的技术效率研究结果显示，小规模养殖的技术效率损失最大，而中规模养殖的技术效率损失最小，从规模效率来看，中规模的规模效率最高，散养的规模效率最低（陈念红等，2010）。在内蒙古三类养殖方式下的奶农均存在显著的技术效率损失，散养奶农的平均技术效率最低，小区养殖奶农的平均技术效率略高于散养奶农，牧场奶农的平均技术效率最高（房风文等，2011）。对内蒙古散养、养殖小区和牧场三种养殖模式的效率的另一项研究结果表明，三种模式的经济效率都不高，最低的为散养（45.9%），最高的为牧场（62.3%）（杜凤莲等，2013）。学者们对我国奶牛养殖水平的效率研究得出了不同的研究结论，比如，我国农户奶牛养殖平均技术效率为 70%（曹暕，2005）；中国牛奶生产的技术效率水平为 80%～90%（马恒运等，2007）；我国原料奶生产的平均技术效率为 91.1%（彭秀芬，2008）；我国牛奶生产的平均技术效率值仅为 78.3%（刘威等，2011）。内蒙古牧场、奶业合作社及散户养殖效率的数据包络分析方法的研究结论显示，牧场的综合效率和纯技术效率比奶业合作社和散户的高，就规模效率而言，牧场和奶业合作社的接近，都比散户的规模效率高，牧场、奶业合作社和散户的奶牛养殖综合效率分别为 88.4%、82.7% 和 77.5%（乌云花等，2017）。内蒙古牧场、养殖小区及散户的技术效率的随机前沿分析模型研究结果显示，三种养殖模式中牧场模式的平均技术效率达 0.88，养殖小区的平均技术效率为 0.84，接近于牧场模式，但是散户模式的平均技术效率比较低，只有 0.74（乌云花等，2019）。国外利用边际成本效率的计算方法计算出不同规模奶牛养殖的成本效率水平的研究认为，大规模奶牛养殖场之间的成本效率差异比小规模奶牛养殖场小（Weersink 等，1990）。小规模养殖成本之所以高，是因为效率低下，如果小规模养殖是高效率的，那么就可以和高效率的大规模养殖竞争（Tauer，2002）。采用数据包络分析方法研究环境政策对奶牛场绩效影响的研究发现，包括环境指标的经济指数比不包括环境指标的经济指数高 0.3%，但是奶牛场生产力与环境法规之间的关系存在很大的异质性，没有强有力的证据表明由于环境协议，奶牛场的生产率有所提高（Ferjani 等，2011）。采用数据包络分析方法的另一项研究利用 2003 年、2005 年、2007 年和 2009 年以色列奶牛场调查数据估算了奶牛场生产效率的变化，得出结论：奶牛场在改革期间效率更高了，尤其是小型家庭农场的规模效率随着时间的推移而提高，所以政府应该把努力的重点放在帮助效率较低的农民身上，利用最好的可利用生产方法并采用效率更高的生产技术上（Ayal 等，2018）。有学者采用美国 2010～2016 年农业部的农业资源管理调查数据研究牧场奶牛养殖效率，指出在规模效率和技术效率方面，大型牧场优于小型牧场（Nehring 等，2018）。孟加拉国西南地区 70 个奶牛场的随机前沿生产函数技术效率研究结果表明，孟加拉国西南地区奶牛场平均效率只有 0.68，影响效率的因素有劳动力数量、农场特征、农场规模及农场主年龄等（Farjana 等，2019）。也有学者采用 2005 年美国农业部农业资源管理调查（ARMS）结果中的乳制品调查的数据对美国奶牛场的技术效率进行分析，发现在采用多输出方法时，技术效率的平均值为 0.87，标准偏差为 0.074，而且技术效率因奶牛群的大小以及整个地区而异，牛群规模较大的农场往往效率更高，拥有 750 多头奶牛的奶牛场的平均技术效率为 0.92，标准差为 0.009，与规模较小的奶牛场相比，几乎所有规模较大的奶牛场技术效率都比较高（Zeng 等，2016）。有学者利用数据包络分析方法对 2004～2012 年 22 个欧洲国家奶牛场有关的汇总数据进行了效率研究，结果表明，奶牛场利用自己的技术投入提高效率的空间很小，欧洲牛奶行业的生产率正在面临下降趋势，这意味着在不远的将来，需要有与农民的技术投入能力无关的外部因素在调节生产率和利润方面起到比效率更高的作用（Madau 等，2017）。苏丹奶牛场效率研究结果显示，小型奶牛场和大型奶牛场的平均技术效率分别为 60% 和 76%（Hassan 等，2018）。采用美国人口普查的美国奶牛场数据及 1987～2007 年美国农场纵向数据估计农场一级的时变生产率结果表明，太平洋地区的生产力最高，然后依次是东北地区、湖州和玉米带区域。区域总生产率的分解表明，存活的农场比进入和退出的农场对区域生产率增长的贡献更大，在州一级，畜群规模的变化与农场生产力负相关，在农场一级，畜群规模和垂直整合对生产率产生积极影响（Jang 等，2019）。

关于养殖效率的影响因素，学者们的研究结论也有一定的差异。利用随机前沿生产函数方法测定奶牛生产的技术效率及影响因素的研究发现，饲养技术培训、家庭主要决策者年龄、养牛收入占家庭总收入的比例、精饲料与粗饲料的比例和地区等因素对技术效率都有影响（曹暕等，2005）。有学者利用我国省级层面的奶牛场面板数据，采用距离生产函数和 Malmquist 的估计方法研究我国原料奶生产全要素生产率的变动特征，发现原料奶生产全要素生产率的增长主要依赖于前沿技术效率，而技术进步反而起到了阻碍作用（马恒运等，2011）。也有研究指出，奶牛年龄、售价及获取信息情况是影响奶农养殖技术效率水平的重要因素，其中，获取信息及售价情况对于奶农尤为重要（何忠伟等，2014）。内蒙古奶牛养殖模式技术效率的影响因素研究指出，养殖模式（对比组是散户模式）及养殖规模对技术效率有显著的正向影响，养殖年限和精粗饲料比对技术效率有显著的负向影响（乌云花等，2019）。孟加拉国的奶业研究结果表明，农场规模与牛奶生产率和毛利率之间存在显著的正向关系（Datta 等，2019）。埃塞俄比亚大约93%的牛奶总产量是由从事传统奶业的小奶农生产，在埃塞俄比亚中部，小农户奶牛养殖几乎是自给自足状态，小农户自己种植作物喂养奶牛，但是面临主要问题是饲料质量差而且数量也不高，直接影响了奶牛产能和效率（Guadu 等，2016）。关于印度奶业的研究表明，干饲料和浓缩饲料的投入显著影响奶牛的牛奶单产，饲料投入的增加将提高牛奶的生产率（Manjeet 等，2016）。欧洲南部科索沃的奶牛养殖研究表明，随着养殖规模扩大，养殖效率在提高（Zeqiri 等，2016）。科索沃的一项研究采用倾向得分匹配法通过将一组参与者与一组非参与者进行比较来评估科索沃农业部门实时的奶牛现金补贴项目的影响，研究发现，该项目不能有效增加土地利用、对总收入和奶牛头数增加没有影响，对提高牛奶生产效率的影响也是有限和微弱的（Bajrami 等，2019）。

2.5　文献评述与启示

国内外学者们关于奶牛养殖模式的演化、影响因素及效率做了一系列的研究，研究结论既有共同点，也有分歧点。在养殖模式演化研究方面，多数学者支持规模化和组织化发展是奶业未来的发展趋势。在奶牛养殖的影响因素方面，虽然研究结论各异，但是大部分学者认为养殖成本、养殖规模、劳动力人数、牛奶收购价格、政策和制度等是主要的影响因素。在奶牛养殖效率方面，有些学者认为小规模养殖更有效率；也有学者支持中规模养殖有效率的观点；还有学者认为只有大规模养殖才能达到规模效率。不同的学者在规模养殖方面有不同的观点，可能的原因主要在于研究时间点、研究区域和研究方法的不同，划分不同规模的标准也有差异。但是多数学者还是支持适当地扩大养殖规模有利于减少成本、提高效率的观点。

近年来，政府对奶业支持力度很大，与此同时，内蒙古的奶牛养殖模式正在慢慢发生变化，小规模养殖户的比例在逐渐下降，其他新型养殖模式不断出现，有很多问题值得研究。内蒙古奶牛养殖模式近年来发生了怎样的变化？奶牛养殖模式发生变化的背后的制度原因是什么？哪些因素影响了小规模养殖户选择退出奶牛养殖业？不同养殖模式的技术效率和规模效率有怎样的区别？哪种养殖模式比较适合未来的奶业可持续发展趋势？回答这些问题对未来奶业的健康、持续发展具有一定的启示，对国家的反贫困有借鉴价值，对社会发展公平问题有重要意义，也是制定和实施从供应链的源头环节保证乳制品安全的相关政策时必须了解的问题。对这些问题的深入研究具有一定的学术意义和现实意义。

第3章 研究的理论框架及研究方法

3.1 研究框架

根据本书的目标和研究内容，设立了研究理论框架，如图3-1
所示：

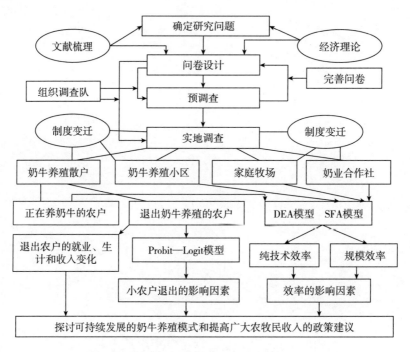

图3-1 本书的研究理论框架

3.2　研究方法

本书采用定性分析和定量分析相结合的方法，首先利用简单统计描述方法分析不同养殖模式的投入产出及收益情况；其次采用 DEA 模型及 SFA 模型研究不同养殖模式的效率及影响因素；最后建立 Probit 和 Logit 模型分析小规模奶农退出奶业的决定因素。

3.2.1　奶牛养殖模式效率的 DEA 模型

参考 Charnes 等（1997）关于 DEA 模型的相关文献介绍本研究所需的 DEA 模型。把四种不同养殖模式看做 4 个样本，即 4 个决策单位（如 n 个决策单元，$j = 1$，2，$\cdots$，n），每个样本有 m 种投入和 s 种产出。对于第 j 个样本（决策单位），投入和产出量分别为 x_{ij}（$i = 1$，2，$\cdots$，m），y_{rj}（$r = 1$，2，$\cdots$，s），投入矩阵 $Xm \times n$，产出矩阵 $Ys \times n$，若用 v_i 表示第 i 项投入的权值，u_r 表示第 r 项产出的权值，则对第 j_0 个决策单位的绩效评价可归结为如式（3 - 1）所示的优化模型（赵雪娇，2015）：

$$
\begin{cases}
\max h_{j_0} = \dfrac{\sum\limits_{r=1}^{s} u_r y_{rj_0}}{\sum\limits_{i=1}^{m} v_i x_{ij_0}} \\
\dfrac{\sum\limits_{r=1}^{s} u_r y_{rj}}{\sum\limits_{i=1}^{m} v_i x_{ij}} \leqslant 1 (j = 1, \cdots, n) \\
v_i \geqslant 0 (i = 1, \cdots, m) \\
u_r \geqslant 0 (r = 1, \cdots, s)
\end{cases}
\xrightarrow{\quad t = \dfrac{1}{\sum\limits_{i=1}^{m} v_i x_{ij}}, w_i = t v_i, \mu_s = t u_s \quad}
$$

$$
\begin{cases}
\max h_{j_0} = t \sum\limits_{r=1}^{s} u_r y_{rj_0} = \sum\limits_{r=1}^{s} \mu_r y_{rj_0} \\
\dfrac{\sum\limits_{r=1}^{s} \mu_r y_{rj}}{\sum\limits_{i=1}^{m} w_i x_{ij}} \leqslant 1 (j = 1, \cdots, n) \\
\sum\limits_{i=1}^{m} w_i x_{ij_0} = 1 \\
w_i \geqslant 0 (i = 1, \cdots, m), \mu_r \geqslant 0 (r = 1, \cdots, s)
\end{cases}
\tag{3-1}
$$

引入对偶变量 $-\lambda$，θ，以及松弛变量 S^+ 和剩余变量 S^- 后得到它的对偶模型为：

$$
\min \theta =
\begin{cases}
\sum\limits_{j=1}^{n} \lambda_j x_{ij} + S^- = \theta x_{ij} (i = 1, \cdots, m) \\
\sum\limits_{j=1}^{n} \lambda_j y_{rj} - S^+ = y_{rj_0} (r = 1, \cdots, s) \\
S^- \leqslant 0, S^+ \leqslant 0 \\
\lambda_j \geqslant 0 (j = 1, \cdots, n)
\end{cases}
\tag{3-2}
$$

求解结果有 $\theta < 1$ 时，j_0 决策单元非 DEA 有效；否则，j_0 决策单元 DEA 有效。DEA 模型把技术效率分解成为纯技术效率和规模效率（即技术效率＝纯技术效率×规模效率）。纯技术效率评价的是不同养殖模式能否有效利用生产技术，使年产出最大化，该数值表示投

入要素在使用方面的效率。规模效率评价的是不同养殖模式每年产出与投入的比例是否适当，是否能最终实现产出最大化。规模效率越高表示规模越适合，生产力水平越高。当技术效率值等于 1 时，表示技术有效率。技术无效率指技术效率值小于 1 时的情形，技术效率无效表示供给未能以有效率的方式实现。

3.2.2　奶牛养殖模式效率的 SFA 模型

利用 SFA 模型计算奶牛不同养殖模式的技术效率，并探讨其影响因素。SFA 模型一般形式如下：

$$y_i = h(x_i, \alpha)e^{v_i}e^{-\mu_i}, \quad i = 1, 2, \cdots, N \tag{3-3}$$

式（3-3）中，y_i 表示第 i 个单位的产出量；x_i 表示第 i 个单位的投入量；α 为模型的待估系数。v_i 是模型的随机误差项，假设 v_i 服从正态分布，均值是 0，方差是 σ_v^2，$V_i \sim N(0, \sigma_v^2)$；$\mu_i$ 表示由技术无效率引起的随机误差，反映第 i 个单位的技术效率损失的随机变量，其值大于或等于零。通常假定服从均值为 b，方差为 σ_μ^2 的半正态分布，$\mu_i \sim N(b, \sigma_\mu^2)$；$v_i$ 与 μ_i 相互独立。

可以把 SFA 技术效率定义如下：

$$te_i = \frac{y_i}{h(x_i, \beta)e^{v_i}} \tag{3-4}$$

式（3-4）中，te 是实际产出水平与没有技术效率损失的产出水平之比，如果没有效率损失，te 为 1，一般情况下 te 小于 1。te 越大说明效率损失越小；反之亦然（王慧，2017）。

根据 Battese（1992）的研究，令

$$\sigma^2 = \sigma_v^2 + \sigma_\mu^2, \quad \gamma = \frac{\sigma_\mu^2}{\sigma^2} \qquad\qquad (3-5)$$

式（3-5）中，γ 的取值在 $0 \sim 1$。γ 值的检验能反映出生产单位的技术效率的变异是不是具有统计显著性，如果接受 $\gamma = 0$ 的假设，也就是 $\sigma_\mu^2 = 0$，这样实际产出值与最大的产出值之间的差异主要来源于随机误差项 ν，说明不存在技术效率损失，μ 从模型中去掉，采用普通最小二乘法估计；若接受 $\gamma = 1$ 的假设，则表明 SFA 的误差部分主要来源于技术效率的损失。

本书模型设定首先采用常用的超对数生产函数形式，用最大似然比检验法（LR 检验法）来验证函数形式是否适用。超对数生产函数如下式所示：

$$\ln y = \beta_0 + \beta_1 \ln la + \beta_2 \ln as + \beta_3 \ln js + \beta_4 \ln cs + \beta_5 (\ln la)^2 + \beta_6 (\ln as)^2$$
$$+ \beta_7 (\ln js)^2 + \beta_8 (\ln cs)^2 + \beta_9 \ln la \ln as + \beta_{10} \ln la \ln js + \beta_{11} \ln la \ln cs$$
$$+ \beta_{12} \ln as \ln js + \beta_{13} \ln as \ln cs + \beta_{14} \ln js \ln cs + v_i - u_i \qquad (3-6)$$

式（3-6）中，被解释变量 y 表示养殖户的原料奶年产量（单位：公斤），所有解释变量具体为：la 为养殖户的劳动力投入（单位：天），as 为养殖户的固定资产投入（单位：元），js 为养殖户的精饲料投入（单位：公斤），cs 为养殖户的粗饲料投入（单位：元）。柯布—道格拉斯生产函数是超对数生产函数的一种特殊形式，当式（3-6）中所有平方项系数 $\beta_j = 0$（$j = 5, 6, 7, \cdots, 14$）时，则超对数生产函数就成了柯布—道格拉斯生产函数（王慧，2017）。

考虑技术效率的影响因素时，由于调研区域的社会经济条件、环境气候、奶牛的品种等影响因素基本差不多，所以只考虑养殖规模、不同模式、养殖户的个人特征及精粗饲料配比等影响因素。

技术效率函数的具体形式为：

$$m_i = \delta_0 + \delta_1 mc + \delta_2 xq + \delta_3 edu_i + \delta_4 yea_i + \delta_5 tra_i + \delta_6 jcb_i + \delta_7 clg_i$$

$$(3-7)$$

式（3-7）中，m_i 表示养殖户技术无效率的程度，mc 为虚拟变量（牧场模式 =1，其他模式 =0），xq 为虚拟变量（小区模式 =1，其他模式 =0），edu_i 表示养殖户的受教育年限（年），yea_i 表示饲养奶牛的年限（年），tra_i 表示是否接受培训（是 =1，否 =0），jcb_i 表示精粗饲料比例（%），clg_i 表示存栏规模（头）（王慧，2017）。

3.2.3　小农户退出奶业的影响因素计量模型

建立计量模型找出影响小农户退出奶业的主要影响因素。对小农户是否退出奶业的决定因素，建立如下模型：

$Y_{ij} = F$（政策因素，奶农自身特征，家庭特征，激励因素，

市场条件）+ 随机扰动项　　　　　　　　　　$(3-8)$

模型（3-8）中，被解释变量 Y_{ij} 是第 j 个村第 i 个奶农的选择行为，当 Y_{ij} 选 1 时，代表奶农已经选择了退出奶业，当 Y_{ij} 选 0 时，代表奶农目前还在继续养殖奶牛。解释变量包括政策因素、奶农自身特征、家庭特征、激励因素及市场条件，详细情况见第 6 章。根据被解释变量特征，选择 Logit 模型和 Probit 模型进行估计。

下面简述本研究的 Probit 和 Logit 模型形式（伍德里奇，2017）。采用 Probit 模型时，因变量 y 取值为 1 的概率为：

$$p(y = 1/x) = G(x\beta) + \varepsilon \qquad (3-9)$$

式（3-9）中，G 是标准正态累计分布函数（假设模型的解释

变量数目是 m）。

$$G(z) = \Phi(z) = \int_{-\infty}^{z} \phi(v) d(v)$$

$$z = x\beta = \beta_0 + \beta_1 x_1 + \beta_2 x_2 + \cdots + \beta_m x_m \qquad (3-10)$$

式（3-10）中，$\phi(v) = (2\pi)^{-1/2} \exp(-v^2/2)$ 是标准正态分布函数。

采用 Logit 模型时，模型形式可表示为：

$$L = \ln(p/1-p) = \alpha_0 + \alpha_1 x_1 + \alpha_2 x_2 + \cdots + \alpha_m x_m + \mu \qquad (3-11)$$

式（3-11）中，p 表示因变量取值为 1 的概率。对于这一类模型，可以使用极大似然估计法进行估计。

第4章 奶牛养殖模式的发展研究

本章首先通过统计年鉴数据介绍内蒙古及全国的奶牛头数和牛奶产量近些年的变化，其次根据笔者团队的调研数据，分析奶业合作社和奶农的关系，对比研究养殖小区和牧场的投入和产出及其他方面的区别，进一步对比研究不同养殖规模牧场的投入、产出及收益方面的区别，初步分析奶牛不同养殖模式的利弊。

4.1 奶牛养殖的宏观数据分析

根据表 4 - 1 的全国数据分析可知，1990 年全国奶牛年末存栏头数为 269 万头，牛奶产量为 416 万吨；2008 年全国奶牛年末存栏头数增加到 1233 万头，牛奶产量增加到 3556 万吨，奶牛头数的平均增长速度为 9%，牛奶产量的平均增长速度为 13%。之后奶牛存栏头数有增有减，2012 年全国奶牛年末存栏头数为 1494 万头，2013 年减少到 1441 万头，之后连续两年增加，到 2015 年，奶牛年末存栏头数增加到 1507 万头，从 2016 年又开始减少，一直到 2018 年减少到 1038 万头，又几乎回到 2004 年的水平。与此同时，牛奶产量从 2008 年的 3556 万吨，在徘徊中增长到 2015 年的 3755 万吨，然后连续下降到 2018 年的 3075 万吨，三年减少了 680 万吨。

从表 4 - 1 中的内蒙古相关数据来看，1990 年内蒙古的奶牛年末存栏头数为 39 万头，到 2008 年增加到 287 万头，平均增长速度为 12%，比全国平均发展速度高 3%。与此同时，牛奶产量从 1990 年的 37 万吨，增加到 2008 年的 912 万吨，平均增长速度达到 19%，比全国水平高出将近 7%。从 2009 年开始，奶牛头数一直下降到 2013 年的 229 万头，2015 年少量增加到 237 万头，然后连续下降到 2018 年的 121 万头，又回到 2003 年之前的水平。与此同时，牛奶产量从 2008 年的 912 万吨，在徘徊中下降到 2012 年的 910 万吨，2013 年下降到 767 万吨，之后又稍微增加到 2015 年的 803 万吨，然后一路下降到 2018 年的 566 万吨。

内蒙古的奶牛年末存栏头数占全国的比重从 1990 年的 15%，上升到 2006 年的 28%，然后下降到 2018 年的 12%。同时，牛奶产量占全国比重也从 1990 年的 9%，增加到 2006 年的 27%，然后再下降到 2018 年的 18%。

总体来看，在 2008 年前后，不管是全国奶牛头数和牛奶产量数据，还是内蒙古的奶牛头数和产量数据，都发生了很大的变化，2008 年之前发展速度很快，2008 年之后进入了调整阶段。由此可见，奶牛养殖发展受到 2008 年的三聚氰胺乳制品安全事件影响很大。消费者更加关注乳制品质量与安全，政府关闭了很多达不到安全标准的奶站，鼓励规模牧场的建立并给予补贴，很多小规模奶农选择退出奶业，奶牛养殖模式进入了结构调整的变化阶段。

表 4 – 1　全国及内蒙古的牛奶产量和奶牛头数发展情况

单位：万吨，万头，%

年份	全国		内蒙古		内蒙古占全国比重	
	牛奶产量	奶牛年末存栏头数	牛奶产量	奶牛年末存栏头数	牛奶产量	奶牛年末存栏头数
1990	416	269	37	39	9	15
1991	464	295	39	44	8	15
1992	503	314	41	46	8	15
1993	499	342	42	54	9	16
1994	529	384	46	59	9	15
1995	577	417	49	71	8	17
2000	827	489	80	72	10	15
2001	1026	566	106	75	10	13
2002	1300	687	165	98	13	14
2003	1746	893	308	145	18	16
2004	2261	1108	498	219	22	20
2005	2753	1216	691	269	25	22
2006	3193	1069	869	302	27	28
2007	3525	1219	910	285	26	23
2008	3556	1233	912	287	26	23
2009	3519	1260	903	287	26	23
2010	3576	1420	905	280	25	20
2011	3658	1440	908	278	25	19
2012	3744	1494	910	263	24	18
2013	3531	1441	767	229	22	16
2014	3725	1499	788	231	21	15
2015	3755	1507	803	237	21	16
2016	3064	1425	586	202	19	14
2017	3039	1080	553	123	18	11
2018	3075	1038	566	121	18	12

注：1996～1999 年资料缺失，笔者未统计。

资料来源：《中国奶业年鉴》《中国农村统计年鉴》《中国农业统计资料》《中国畜牧兽医年鉴》。

4.2 奶业合作社与奶农

本节的研究是基于笔者及团队的部分调研数据进行的。研究团队于 2014 年 7 月、2014 年 10 月及 2015 年 1 月在内蒙古呼和浩特市周边地区 5 个奶牛主要养殖区域（包括呼和浩特的和林县、土左旗、赛罕区以及包头的九原区和土右旗）进行了三次实地调研。样本采用简单随机抽样和分层随机抽样相结合的抽样方法，对农户层面采取分层随机抽样法。具体方法为：每个旗县按照奶牛头数，抽取 2 个奶牛头数多的镇（奶牛总头数占到全县的 50% 以上），每个镇按照奶牛头数，抽取 2 个奶牛头数多的村（奶牛总头数占到全镇的 50% 以上），每个村随机抽取 10 户奶牛养殖户（考虑到呼市周边地区小规模养殖奶农退出比较多的情况，在呼市的样本村每个村抽取 10 户退出户作为退出户样本），共调研了 20 个村的 200 户奶牛养殖户，120 户退出户。在数据整理过程中发现 9 户奶牛养殖户的问卷存在信息不全的情况，故予以排除，奶农样本最终确定为 191 户。另外，由于牧场以及合作社规模一般比较大，有的村子里有牧场或者合作社，有的村里没有，因此不适用于分层随机抽样，本次采取简单随机抽样的方法，最终调研了 22 个合作社，20 个牧场。200 户奶牛养殖户中 103 户是 10 个奶业合作社里的养殖户，本节研究奶业合作社与奶农的关系采用这 10 个合作社及 103 户奶农数据进行分析，是在笔者的硕士研究生刘畅（2015）的硕士论文基础上进行整理的，也是课题研究的阶段性成果之一。

4.2.1　奶业合作社的基本情况

以下就以 1 号到 10 号奶业合作社代替十个奶业合作社的具体名称进行介绍。

1 号奶业合作社于 2010 年进行工商注册，奶业合作社建设总投入 40 万元，全部为自筹资金。该奶业合作社最早是奶站，2002 年成立。2009 年在加工企业的要求下把名称改为奶牛养殖小区，2010 年又把名称改为奶业合作社。2009 年，当地执行了大于 300 头补贴 80 万元较大规模的奶牛户补贴政策。但是该奶业合作社还没有得到政府补贴。

该奶业合作社离最近的乳品加工企业 4.4 公里。养殖场面积 14 亩，是自有土地。其中，牛棚牛舍面积为 1100 平方米、晾牛场 2660 平方米、挤奶厅 700 平方米、制冷间 40 平方米、青贮窖 60 立方米、仓库 300 平方米，每年维修费用在 5000 元左右。该合作社的设备有挤奶罐 18 个、冷藏罐 2 个、拖拉机 1 台、饲料切割机 1 台、农用卡车 1 辆，每年的维修费用在 12000 元左右。一年牛栏清理费用大概 18200 元、奶牛治病花费 500 元、配种需要 1530 元、水电煤费用为 46000 元、燃料（汽油等）花费 1000 元。该合作社奶牛品种是黑白花奶牛，刚成立时自有奶牛 30 头，100 户奶农往奶站送奶。2010 年改为奶业合作社以后，2014 年有 28 户奶农加入，奶业合作社自有奶牛 34 头，社内奶农共有奶牛 266 头。所有奶牛一年需粗饲料 613200 斤、精饲料 186000 斤，合作社的年总投入大约为 24 万元。每头奶牛的日均产奶量为 15 公斤，最高产量 35 公斤，平均产奶期 270 天。牛奶平均价格约为 3.5 元/公斤，淡季旺季奶价不变，该奶业合作社年纯收入约为 15 万元。牛奶全部销售给蒙牛乳品企业。

2 号奶业合作社于 2010 年进行工商注册。该奶业合作社的前身是奶农散养，由于送奶的奶站倒闭，没有地方送奶，不得不自己带头成立小区，后改名为奶业合作社。奶业合作社建立时总投资 50 万元，为自筹资金，之后得到政府的 20 万元补贴款。

该奶业合作社离最近的乳品加工企业 15 公里，奶业合作社养殖场面积是 80 亩，是自有土地。其中，牛棚牛舍和晾牛场面积为 1920 平方米、挤奶厅及制冷间共 600 平方米、青贮窖 157 立方米，暂无仓库。每年维修费用在 5000 元左右。奶业合作社的设备有挤奶罐 10 个、冷藏罐 1 个、拖拉机 1 台、饲料切割机 1 台、农用卡车 1 辆、小轿车 1 辆，每年的维修费用在 5000 元左右。合作社一年的牛栏清理费用 9000 元、奶牛治病花费 4350 元、配种需要 3000 元、水电煤费用为 24000 元、燃料（汽油等）花费 10000 元。该奶业合作社奶牛的品种也是黑白花奶牛，刚建立时自有奶牛 20 头，没有其他奶农加入，到了 2014 年有 10 户奶农加入，奶农共有奶牛 160 头，奶业合作社自有奶牛发展到 47 头。所有奶牛一年需要粗饲料 343000 斤、精饲料 168000 斤，该合作社的年总投入约为 30 万元。每头奶牛的日均产奶量为 20 公斤，最高产量 35 公斤，平均产奶期 270 天，牛奶平均价格为 3.5 元/公斤，淡季旺季奶价不变，合作社年纯收入大约为 10 万元。牛奶全部出售给蒙牛乳品企业。

3 号奶业合作社于 2009 年进行工商注册。该奶业合作社的前身是养殖小区，后来改名为奶业合作社。奶业合作社建立时总投入 31.2 万元，为自筹资金。2011 年得到政府的 50 万元补贴款。通过交谈了解到，该奶业合作社负责人五年内有退出奶牛合作社的意向，主要原因是感觉越开越赔钱，准备外出打工。

该奶业合作社离最近的乳品加工企业 15 公里，奶业合作社养殖场面积有 30 亩，所有权属于社内奶农。其中，牛棚牛舍面积 4000 平方米、晾牛场面积为 3000 平方米、挤奶厅面积为 650 平方米、制冷间 70 平方米、青贮窖 500 立方米、仓库面积 300 平方米，每年维修费用在 20000 万元左右。奶业合作社的设备有挤奶罐 20 个、冷藏罐 2 个、饲料切割机 10 台、农用卡车 1 辆、小轿车 1 辆，每年的维修费用在 10000 元左右。合作社一年的牛栏清理费用 30000 元、奶牛治病花费 20000 元、配种需要 3000 元、燃料（汽油等）花费 10000 元。该奶业合作社奶牛的品种是黑白花奶牛。刚成立时合作社无自有奶牛，52 户奶农加入，2014 年又有 10 户奶农加入，社内奶农共有奶牛 200 头。所有奶牛一年需要粗饲料 1806000 斤、精饲料 1250000 斤，合作社每年的总投入约为 15 万元。每头奶牛的日均产奶量为 20 公斤，最高产量 35 公斤，平均产奶期 270 天。牛奶平均价格为 3.25 元/公斤，淡季旺季奶价不变，合作社年纯收入大约为 6 万元。牛奶全部出售给蒙牛乳品企业。

4 号奶业合作社于 2009 年进行工商注册。该合作社的负责人 1982 年就开始养牛，2003 年建立了自己的奶站，由于政府和企业要求升级，2009 年注册并改名称为奶业合作社。奶业合作社注册资金 180 万元，其中自筹资金 80 万元、银行贷款 50 万元及政府补贴 50 万元。当时，当地执行的政策是，对大于 300 头的较大规模奶农补贴 50 万元，如果从外地购牛，每头还能得到 200 元的补贴。通过调研也了解到，该奶业合作社负责人对于五年内是否退出奶牛合作社持观望态度，主要因为投入太多，无法转给别人。

该奶业合作社离最近的乳品加工企业 45 公里。奶业合作社养殖场面积 245 亩，主要是租用集体土地，租用期限为 30 年，免费租用。其中，牛棚牛舍面积 5800 平方米、晾牛场面积为 17800 平方米、挤奶厅面积为 480 平方米、制冷间 15 平方米、青贮窖 5200 立方米，仓库面积 440 平方米，每年维修费用在 40000 元左右。奶业合作社的设备有挤奶罐 28 个、冷藏罐 4 个、饲料切割机 1 台、联合收割机 1 台、农用卡车 2 辆，小轿车 1 辆、发电机 2 台，每年的维修费用大概在 30000 元。奶业合作社一年的牛栏清理费用 30000 元、奶牛治病花费 80000 元、配种需要 3600 元、水电煤费 55000 元、燃料（汽油等）花费 72000 元。该奶业合作社奶牛的品种是黑白花奶牛，刚开始养牛时自有奶牛 50 头，注册成立奶业合作社以后，奶业合作社自有奶牛发展到 103 头，有 10 户奶农加入，社内奶农共有奶牛 120 头。所有奶牛一年所需粗饲料 2100000 斤、精饲料 850000 斤，奶业合作社一年的总投入大约为 100 万元。每头奶牛的日均产奶量为 24 公斤，最高产量 40 公斤，平均产奶期 270 天，牛奶平均价格为 4.3 元/公斤，淡季旺季奶价不变，一年纯收入大约为 30 万元。牛奶全部出售给蒙牛乳品企业。

5 号奶业合作社于 2012 年进行工商注册。该奶业合作社的前身是养牛散户，当时奶农养殖面临困难、牛奶无人收，所以不得不扩大规模成立了奶业合作社。奶业合作社建立时总投入 110 万元，全部是自筹资金。虽然 2009 年当地开始执行大于 100 头养殖规模的补贴 30 万元的补贴政策，但是该奶业合作社还没有获得政府补贴。通过交谈也了解到，该合作社负责人五年内没有退出奶牛合作社的意向，主要考虑投入太多退不出去。

该奶业合作社离最近的乳品加工企业 45 公里。合作社养殖场面积 220 亩，主要是租用土地，租用期限为 30 年，每年租金为 2200 元。其中，牛棚牛舍面积 8000 平方米、晾牛场面积为 6600 平方米、挤奶厅面积为 400 平方米、制冷间有 30 平方米、青贮窖有 10000 立方米，暂时无仓库，每年维修费用大概为 12000 元。奶业合作社的设备有挤奶罐 20 个、冷藏罐 2 个、拖拉机 1 台、饲料切割机 1 台、小轿车 1 辆，每年的维修费用大约 50000 元。该合作社一年的牛栏清理费用需要 12000 元、奶牛治病花费 200000 元、配种需要 50000 元、水电煤费 100000 元、燃料（汽油等）花费 70000 元。合作社奶牛的品种是黑白花奶牛，2012 年刚成立时自有奶牛 13 头，有 11 户奶农加入，2014 年又有 10 户奶农加入，合作社自有奶牛 370 头，社内奶农共有奶牛 230 头。所有奶牛一年所需粗饲料 8120000 斤、精饲料 2630000 斤，合作社的年总投入大约为 100 万元。每头奶牛的日均产奶量为 25 公斤，最高产量 40 公斤，平均产奶期 270 天。牛奶平均价格为 4 元/公斤，淡季旺季奶价不变，该合作社年纯收入大约为 10 万元。牛奶全部销售给伊利乳品企业。

6 号奶业合作社于 2009 年进行工商注册。合作社前身是 2003 年建立的奶站，2009 年县里统一要求改奶站为奶业合作社。合作社建立时总投入 300 万元，其中自筹资金 240 万元、银行贷款 60 万元，获得政府补贴 80 万元。合作社负责人表示五年内没有退出奶牛合作社的意向，主要是因为投资太多退不出去。

该奶业合作社离最近的乳品加工企业 50 公里，合作社养殖场面积 80 亩，全部是自有土地。其中，牛棚牛舍面积有 2000 平方米、晾牛场面积有 8000 平方米、挤奶厅面积有 550 平方米、制冷间有 50 平方米、青贮窖有 7800 立方米，仓库有 400 平方米，每年维修费用在 50000 元左右。合作社的设备有挤奶罐 18 个、冷藏罐 2 个、拖拉机 1 台、饲料切割机 1 台、农用卡车 1 辆、小轿车 1 辆，每年的维修费用在 30000 元左右。合作社一年的牛栏清理费用需要 18000 元、奶牛治病花费 20000 元、配种需要 12000 元、水电煤费 50000 元、燃料（汽油等）花费 1200 元。该合作社奶牛品种是黑白花奶牛，刚成立奶站时无自有奶牛，有 2 户奶农送奶，2014 年合作社自有奶牛发展到 260 头，有 5 户奶农加入，社内奶农共有奶牛 80 头。所有奶牛一年所需粗饲料 3641000 斤、精饲料 1090000 斤，合作社的每年总投入大约为 150 万元。每头奶牛的日均产奶量为 23 公斤，最高产量 32 公斤，平均产奶期 270 天。牛奶平均价格为 3.9 元/公斤，淡季旺季奶价不变，合作社年纯收入大约为 18 万元。牛奶全部销售给伊利乳品企业。

7 号奶业合作社于 2009 年进行工商注册。该合作社负责人在 1982 年就开始养牛，2003 年建立了奶站，2009 年在政府和企业要求下，升级注册成立了奶业合作社。合作社建立时总投入 70 万元，自筹资金 10 万元、银行贷款 60 万元。2009 年当地开始执行对大于 300 头较大规模的奶农补贴 80 万元的政策，目前为止该合作社共获得政府补贴 70 万元。笔者通过与合作社负责人交谈了解到该合作社负责人五年内有退出奶牛合作社的打算，主要因为不按照乳品企业的要求改造就得关门，而进行大幅度改造需要大笔资金投入。

该奶业合作社离最近的乳品加工企业 100 公里。合作社养殖场面积有 23 亩，是自有土地。其中，牛棚牛舍面积有 1650 平方米、晾牛场面积有 4800 平方米、挤奶厅面积有 600 平方米、制冷间有 60 平方米、青贮窖有 840 立方米，仓库面积有 350 平方米，每年维修费用大约 7000 元。合作社的设备有挤奶罐 28 个、冷藏罐 1 个、拖拉机 2 台、联合收割机 2 台、饲料切割机 1 台、装载车 1 辆、小轿车 1 辆，每年的维修费用大约 26000 元。合作社一年的牛栏清理费用需要 500 元、奶牛治病花费 14000 元、配种需要 6000 元、水电煤费需要 67000 元、燃料（汽油等）花费 20000 元。该合作社奶牛的品种为黑白花奶牛，刚成立时自有奶牛 200 头，20 户奶农加入，2014 年又有 26 户奶农加入，合作社自有奶牛减少到 108 头，社内奶农共有奶牛 138 头。所有奶牛一年所需粗饲料 2205000 斤、精饲料 480000 斤，合作社的年总投入大约为 130 万元。每头奶牛的日均产奶量为 23 公斤，最高产量 27 公斤，平均产奶期 270 天，牛奶平均价格为 3.7 元/公斤，淡季旺季奶价不变，合作社年纯收入大约为 20 万元。牛奶全部出售给伊利乳品企业。

8 号奶业合作社于 2014 年进行工商注册。合作社负责人 2003 年就建立了奶站，2014 年按照乳品企业要求，升级改造注册成立了奶业合作社。合作社建立时总投入 300 万元，其中自筹资金 90 万元、银行贷款 150 万元，获得政府补贴 60 万元。合作社负责人表示五年内没有退出奶牛合作社的意向，他希望继续把奶业合作社发展好。

该奶业合作社离最近的乳品加工企业 30 公里。该合作社养殖场面积有 30 亩，都是自有土地。其中，牛棚牛舍面积有 3000 平方米、晾牛场面积有 3000 平方米、挤奶厅面积 400 平方米、制冷间 50 平方米、青贮窖 1000 立方米及仓库面积 150 平方米，每年需要 70000 元左右的维修费用。奶业合作社的设备有挤奶罐 23 个、冷藏罐 1 个、拖拉机 2 台、饲料切割机 1 台、小轿车 1 辆、农用卡车 1 台，每年维修费用需要 120000 元左右。合作社一年的牛栏清理费用需要 1000 元、奶牛治病花费 5000 元、配种需要 10000 元、水电煤费需要 73000 元、燃料（汽油等）花费将近 20000 元。该合作社奶牛的品种是黑白花奶牛，刚成立时自有奶牛 20 头，20 户奶农加入，2014 年又有 20 户奶农加入，合作社自有奶牛发展到 83 头，社内奶农共有奶牛 220 头。所有奶牛一年所需粗饲料 1400000 斤、精饲料

670000 斤，合作社的每年总投入大约为 200 万元。每头奶牛的日均产奶量为 28 公斤，最高产量 30 公斤，平均产奶期 280 天，牛奶平均价格为 3.45 元/公斤，淡季旺季奶价不变，合作社年纯收入大约为 50 万元。牛奶全部出售给伊利乳品企业。

9 号奶业合作社于 2008 年进行工商注册。合作社负责人 1996 年就开始养牛，2008 年响应政府号召，在企业的支持下建立了养殖小区，改名为奶业合作社。奶业合作社建立时总投入 100 万元，全部为政府补贴。合作社负责人表示五年内没有打算退出奶牛合作社，想要继续办好合作社，逐步打造成规模化牧场。

该奶业合作社离最近的乳品加工企业 45 公里。合作社养殖场面积有 155 亩，全部是租用集体土地，租期为 50 年，费用全免。其中，牛棚牛舍面积 2700 平方米、晾牛场面积为 3000 平方米、挤奶厅面积为 660 平方米、制冷间 100 平方米、青贮窖 1300 立方米，仓库面积 450 平方米，每年维修费用在 70000 元左右。合作社的设备有 24 个挤奶罐、1 个冷藏罐、1 台拖拉机、1 台饲料切割机、1 辆小轿车，每年的维修费用在 120000 元左右。奶业合作社一年的牛栏清理费用需要 3500 元、奶牛治病花费 50000 元、配种需要 24000 元、水电煤费需要 13000 元及燃料（汽油等）花费 70000 元。奶业合作社奶牛的品种是黑白花奶牛，刚成立时合作社自有奶牛 20 头，5 户奶农加入，2014 年又有 5 户奶农加入，合作社自有奶牛发展到 246 头，社内奶农共有奶牛 50 头。所有奶牛一年所需粗饲料 5800000 斤、精饲料 1370000 斤，合作社的年总投入大约为 100 万元。每头奶牛的日均产奶量为 28 公斤，最高产量 30 公斤，平均产奶期 280 天，牛奶平均价格为 4.1 元/公斤，淡季旺季奶价不变，合作社年纯收入大约为 10 万元。牛奶全部出售给伊利乳品企业。

10 号奶业合作社于 2009 年进行工商注册。该合作社的前身是奶站，由于奶站的奶无人收，2005 年变更奶站为养殖小区，2009 年根据乳品企业的要求又改名为奶业合作社。合作社建立时总投资 17 万元，全部是自筹资金，到目前为止得到了政府的补贴 50 万元。合作社负责人表示在五年内有退出奶业的意向，主要因为太累而且奶业非常不景气。

　　该奶业合作社离最近的乳品加工企业 70 公里。合作社养殖场面积有 402 亩，全部为租用集体土地，无租期也无费用。其中，牛棚牛舍面积有 3360 平方米、晾牛场面积有 4600 平方米、挤奶厅面积有 780 平方米、制冷间有 200 平方米，暂时无青贮窖和仓库，每年维修费用大约 30000 元。合作社的设备有 20 个挤奶罐、2 个冷藏罐、1 台发电机、1 辆小轿车，每年的维修费用大约 40000 元。奶业合作社每年的水电煤费需要 27000 元、一年的燃料（汽油等）花费需要 10000 元。合作社的年总投入大约为 10 万元。合作社奶牛的品种是黑白花奶牛。刚成立时自有奶牛 500 头，50 户奶农加入，2014 年又有 18 户奶农加入，社内奶农共有奶牛 500 头。合作社自有奶牛都处理了，现在无自有奶牛。每头奶牛的日均产奶量为 20 公斤，最高产量 25 公斤，平均产奶期 240 天，牛奶平均价格为 3.45 元/公斤，淡季旺季奶价不变，合作社现在收支基本平衡，没有纯收益。牛奶全部出售给伊利乳品企业。

　　根据以上 10 个奶业合作社的情况及发展历史也能初步看出我国奶牛养殖业不同模式的发展演变过程，从奶牛散养到建立奶站，成立养殖小区，逐步改造成奶业合作社及规模牧场养殖，乳品企业和政府的要求及鼓励政策起到了很大的推动作用。

4.2.2　奶业合作社内奶农的情况

从 10 个奶业合作社内的 103 户奶农的户主的受教育程度来看，小学文化程度的人数占总样本人数的 45%，初中文化程度的人数占总样本人数的 39%，高中文化程度的人数占总样本人数的 12%，大专及以上文化程度的人数占总样本人数的 4%。总的来看，奶农的受教育程度偏低，小学及初中文化程度的比例超过了 80%。

从家庭劳动力情况来看，奶农户均家庭人口数为 4 人，户均劳动力数量为 2 人。一般奶农家庭夫妻都参与养牛，所以一个家庭中能参与劳动的一般是两个人。劳动力少的奶农还会在养牛繁忙的时候雇用村里的其他劳动力，奶牛饲养成本也会增加很多。饲料成本是养牛的最大成本，奶农如果自己能解决一部分饲料，可以在一定程度上控制奶牛饲养成本。各个奶业合作社内奶农均自有耕地面积是 21 亩，户均承包耕地面积 13 亩，主要种植玉米、青贮及苜蓿等，为奶业合作社提供后备饲料。一年一头奶牛一般需要五亩地的饲料，奶业合作社内的奶牛的饲料来源主要靠购买，增加了奶牛养殖成本，降低了奶农的家庭收入。较少一部分奶农也会种植土豆、黑豆、黄豆及甜菜等作物用于出售，但由于有效灌溉的耕地面积比较小，产量不高，所以种植业收入只能占家庭收入的小部分。10 个奶业合作社内的奶农共拥有奶牛 1654 头，户均拥有 16 头，每头产奶牛的日均产奶量是 20 公斤，平均产奶期为 240 天，平均奶价为 3.2 元/公斤。每头奶牛每年消耗 12414 元的精饲料以及 607 元的粗饲料，每年每头奶牛的饲料总投入需要 13021 元。每头奶牛牛奶收入是 15360 元（$20 \times 240 \times 3.2 = 15360$）。如果暂时不考虑固定资产及劳动力等

其他成本，2014 年合作社内的奶农养一头奶牛一年纯收益是
2339 元。

4.2.3　本节小结

多数奶业合作社前身是奶站或者养殖小区，后来由于乳品加工
企业的要求或者自身发展的需要，更名为奶业合作社或者扩大养殖
规模，吸纳散户加入，申请注册成为奶业合作社。一些新成立的奶
业合作社是在企业和政府的引导下逐步成立的。从调研情况来看，
奶业合作社和奶农的关系还没有形成真正意义上的利益共同体。奶
农进入奶业合作社后，总体处于劣势的谈判地位并没有多大改变，
在合作社里合作社发起人和合伙人掌握着奶业合作社的股权，奶农
加入奶业合作社后仅是负责集中饲养奶牛，统一挤奶和销售牛奶而
已。两者的关系也仅仅集中在有限的生产范围内，并没有形成风险
共担、利益共享的合作共同体。

4.3　奶牛养殖小区与牧场

本节所用数据源于笔者及团队于 2016 年 7 月开展的实地调研。
采取的抽样方法为分层随机抽样。选定了呼和浩特周边地区（包括
和林县、土左旗和赛罕区）和包头周边地区（包括土右旗和九原
区）。选取这两个市作为调研区域，一方面，是因为其畜牧业经济发
展水平在全自治区范围内居于前列而且年产奶量总和占全区产奶总

量比重比较大，相对具有一定的代表性；另一方面，近年来呼和浩特市周边地区奶牛养殖散户退出奶业的趋势比较明显，便于更好地了解奶牛养殖业的现状。具体选取方法如下：每个旗县根据奶牛头数，抽取 2 个奶牛头数多的镇（奶牛总头数占全县的 50% 以上），每个镇根据奶牛头数，抽取 2 个奶牛头数多的村（奶牛总头数占全镇的 50% 以上），共覆盖 5 个县、10 个镇的 20 个村。原计划在每个乡镇调研 5 个牧场，共 50 个牧场，由于调研遇到困难，最终调研了 46 个牧场。原计划在每个村调研一个养殖小区，共 20 个养殖小区，在后续的数据整理过程中发现 1 个养殖小区的问卷信息不全面，予以剔除，最终养殖小区有效问卷 19 份。原计划每个村随机抽取 5 个奶牛养殖散户，共计划调研 100 户散户，但由于近两年散户的大量退出，散户的调研遇到了样本少的困难，最终完成了 36 份散户问卷。最终的调研结果为 46 个牧场、19 个养殖小区和 36 户养殖散户。本节用 46 个牧场和 19 个养殖小区的样本，通过对比奶牛养殖小区及牧场的基本信息、技术人员构成、奶牛结构、牛舍条件、养殖技术与防疫、牛奶价格及牛奶销售等方面的信息，深入了解奶牛养殖小区与规模牧场之间存在的区别与现实差距。本部分研究是基于笔者的硕士研究生范馨乐（2017）和王慧（2017）的硕士论文进行整理所得。

4.3.1　奶牛养殖小区及牧场的基本情况对比

19 个奶牛养殖小区中完成工商注册的有 18 个，注册比例达 95%，得到过政府补贴的奶牛养殖小区仅有 2 个，比例为 11%。46 个牧场中完成工商注册的有 46 个，注册比例达 100%，得到过政府补贴的有 40 个，比例达 87%。内蒙古自治区政府 2013～2015 年每年安排补助资金建设奶牛标准化规模养殖场，重点补助对象有吸纳散户奶牛比例达 30% 的标准化养殖场、中小规模养殖户以及奶业合作社，存栏在 100～299 头的养殖场安排 60 万元补助资金，300 头以上的安排 80 万元补助资金（见表 4－2），这一政策大大推动了奶牛养殖小区的规模化及标准化进程。

表 4－2　奶牛养殖小区及牧场的基本信息　　　　单位：个,%

分类		奶牛养殖小区		牧场	
		样本量	比例	样本量	比例
是否完成工商注册	是	18	95	46	100
	否	1	5	0	0
是否得到过政府补贴	是	2	11	30	65
	否	17	90	16	35

资料来源：笔者及团队调研整理。

　　奶牛养殖小区和牧场的技术人员主要由饲养与营养人员、育种与繁育人员及兽医技术人员等构成。19 个奶牛养殖小区中，饲养与营养人员的比例为 11%，育种与繁育人员的比例为 21%，兽医技术人员的比例为 16%；46 个牧场中，饲养与营养人员的比例为 22%，比养殖小区高出 11%。牧场的育种与繁育人员的比例为 26%，比养殖小区高出 5%。牧场的兽医技术人员的比例为 35%，比养殖小区高出 19%。由此可见，牧场的各种技术人员比例整体上要高于奶牛养殖小区（见表 4－3）。

表4-3 奶牛养殖小区及牧场的技术人员构成   单位: 个,%

人员		奶牛养殖小区		牧场	
		样本量	比例	样本量	比例
饲养与营养	有	2	11	10	22
	没有	17	90	36	78
育种与繁育	有	4	21	12	26
	没有	15	79	34	74
兽医技术	有	3	16	16	35
	没有	16	84	30	65

资料来源: 笔者及团队调研整理。

4.3.2 奶牛养殖小区及牧场的平均奶牛头数、结构与单产对比

从奶牛养殖小区数据看，从建立小区到2015年，19个养殖小区奶牛头数的变化不是很大，开始建立小区时平均奶牛头数是202头，2014年增加到349头，2015年稍微减少到325头。其中，泌乳牛头数从95头增加到2014年的152头，然后到2015年下降到138头。泌乳牛占总奶牛头数的比重从开始建小区时的47%降到2015年的43%，连50%都没有达到，泌乳牛比例偏低，结构不合理。牧场的平均奶牛头数比养殖小区的多，开始建立牧场时平均奶牛头数是516头，2014年增加到589头，2015年稍微减少到587头，奶牛头数比较稳定。但是泌乳牛头数有一定的增加趋势，从开始建场的215头增加到2015年的317头，增加了100多头。从所占比例看，泌乳牛头数占总头数50%左右，最高也没有达到60%。后备牛的比例一直在减少（见表4-4）。

表4－4　奶牛养殖小区及牧场的平均奶牛头数及结构对比　单位：头,%

	奶牛养殖小区			牧场		
	建小区时	2014 年	2015 年	建牧场时	2014 年	2015 年
总头数	202	349	325	516	589	587
泌乳牛	95	152	138	215	296	317
泌乳牛比例	47	44	43	42	50	54
后备牛	76	159	144	240	209	189
后备牛比例	38	46	44	47	36	32

资料来源：笔者及团队调研整理。

　　牧场的奶牛单产比养殖小区的高一些。建场时牧场每头奶牛年单产为 5 吨，到 2015 年提高到 6 吨，提高了 1 吨。而养殖小区开始建小区时奶牛单产只有 4 吨，到 2015 年提高到 5 吨，也增加了 1 吨（见表 4－5）。但是从单产分组数据看，牧场日产 30 公斤以上的奶牛头数有明显的提高，从建场时的 88 头增加到 2015 年的 173 头，从比例看，日产 30 公斤以上的头数比例在建场时、2014 年和 2015 年分别为 30%、35% 和 38%（见表 4－6）。日产 20 公斤以下所占的比例有一定的下降趋势，从建场时的 22% 下降到 2015 年的 16%。奶牛养殖小区日产 30 公斤以上的奶牛头数所占比例 2015 年也达到 29%，但是日产 20 公斤以下所占的比例 2015 年仍然有 23%。从每头牛的最低单产和最高单产来看，牧场的最低单产是 4 吨，比养殖小区的高出一倍，牧场的最高单产是 9 吨，比养殖小区的高出 2 吨。从平均产奶期来看，牧场的平均产奶期要比养殖小区的长，牧场的奶牛平均胎次比养殖小区的少，说明牧场更新换代快一些。

表4-5 奶牛养殖小区及牧场的奶牛单产及产奶期情况

单位：吨，天，次

	奶牛养殖小区			牧场		
	建小区时	2014年	2015年	建牧场时	2014年	2015年
平均单产	4	5	5	5	6	6
每头最高单产	6	6	7	7	9	9
每头最低单产	2	4	4	4	5	5
平均产奶期	265	251	266	267	259	280
平均胎次	5	5	5	3	4	4

资料来源：笔者及团队调研整理。

表4-6 奶牛养殖小区及牧场的单产分组情况对比　　单位：头，%

		奶牛养殖小区			牧场		
		建小区时	2014年	2015年	建牧场时	2014年	2015年
日产30公斤以上	数量	12	22	30	88	128	173
	比例	21	18	29	30	35	38
日产20~30公斤	数量	29	72	64	86	126	106
	比例	49	50	49	48	49	46
日产20公斤以下	数量	55	58	45	41	43	37
	比例	29	32	23	22	17	16

资料来源：笔者及团队调研整理。

4.3.3 奶牛养殖小区及牧场的牛舍条件及粪污处理对比

从牛舍的条件来看，19个养殖小区中有封闭牛舍的只有6个，所占比例为32%，而46个牧场中有封闭牛舍的牧场有17个，所占比例为37%，比养殖小区高出5%；有卧床的养殖小区只有2个，占11%，而有卧床的牧场有24个，占到一半以上。牛舍有风扇的养殖小区是 2 个，占 11%；而牛舍有风扇的牧场有 19 个，占 41%，比养殖小区高出 30%；有喷淋的养殖小区有 3 个，占 16%；有喷淋的牧场也只有 7 个，只占 15%。牛舍有积水的情况有区别，养殖小区的牛舍有积水的比例为 32%，牧场只有 4%。总的来看，牧场的养殖条件比奶牛养殖小区的好（见表 4－7）。

表 4－7　奶牛养殖小区及牧场的牛舍条件对比　　　　单位：个，%

分类		奶牛养殖小区		牧场	
		样本量	比例	样本量	比例
牛舍结构	封闭	6	32	17	37
	开放	13	68	29	63
是否有卧床	是	2	11	24	52
	否	17	90	22	48
是否有风扇	是	2	11	19	41
	否	17	90	27	59
是否有喷淋	是	3	16	7	15
	否	16	84	39	85
是否有积水	是	6	32	2	4
	否	13	68	44	96

资料来源：笔者及团队调研整理。

从粪污处理的情况来看，19 个奶牛养殖小区中，用堆积发酵的方式处理粪污的比例为 53%，用制作有机肥方式处理牛粪的比例为 26%，直接出售牛粪的比例为 16%，使用化粪池处理粪污的比例只有 5%。46 个牧场处理粪污的方式主要是堆积发酵，所占比例为 39%，其次是制作有机肥和使用化粪池，比例分别为 26% 和 20%，直接出售牛粪的牧场比例为 13%，还有 2% 的牧场是利用牛粪来进行沼气发电的。调研中也了解到牧场采用车辆刮粪、机械水冲以及自动刮板的方式清理粪污，每天清粪次数可以达到一天1~2次（见表4-8）。

表4-8 奶牛养殖小区及牧场的粪污处理情况对比   单位：个,%

	奶牛养殖小区		牧场	
	样本量	比例	样本量	比例
沼气发电	0	0	1	2
制作有机肥	5	26	12	26
化粪池	1	5	9	20
堆积发酵	10	53	18	39
出售	3	16	6	13

资料来源：笔者及团队调研整理。

4.3.4 奶牛养殖小区及牧场的牛奶价格分级与销售合同对比

从奶牛养殖小区和牧场的牛奶分级情况看，19个奶牛养殖小区中，建小区时对牛奶进行分级的养殖小区有5个，占全部样本比例为26%，到2014年15个养殖小区对牛奶分级，比例达79%，2015年，有16个养殖小区对牛奶进行分级处理，比例达84%。46个牧场中建场时对牛奶进行分级的牧场有35个，占76%，到2014年39个牧场对牛奶分级，比例达到85%，2015年，有41个牧场对牛奶进行分级处理，比例达到89%。由此可见，牧场对牛奶进行分级比奶牛养殖小区早，牛奶分级的牧场比例也比养殖小区高（见表4-9）。

表4-9　奶牛养殖小区及牧场的牛奶价格分级情况对比　　单位：个,%

	是否分级	奶牛养殖小区		牧场	
		样本量	比例	样本量	比例
建小区（场）时	是	5	26	35	76
	否	14	74	11	24
2014年	是	15	79	39	85
	否	4	21	7	15
2015年	是	16	84	41	89
	否	3	16	5	11

资料来源：笔者及团队调研整理。

　　进一步对不同分级的牛奶价格进行分析可知，奶牛养殖小区在建小区时没有获得过A级价格，B和C等级的牛奶价格每公斤均值分别为3.4元和3.0元，2015年A、B和C等级的牛奶价格均有所下降，分别下降到3.3元、3.1元和2.6元。进一步对牧场不同分级的牛奶价格进行分析可知，建场时A、B和C等级的价格每公斤均值分别为3.9元、3.6元和3.2元，2015年A、B和C等级的价格均值上升到每公斤分别为4.2元、3.7元、3.5元。总的来看，奶牛养殖小区的牛奶价格普遍比牧场的价格低（见表4-10）。

　　从合同情况看，19个奶牛养殖小区中与牛奶加工企业签订销售合同的有17个，占90%，其中，在合同期内被拒收的有15个奶牛养殖小区，比例为88%。有牛奶收购数量限制的奶牛养殖小区有16个，比例为94%。46个牧场中，与加工企业签订销售合同的比例为100%，其中合同期内被拒收的牧场有18个，比例达39%。有数量限制的牧场有26个，比例为57%（见表4-11）。可见，奶牛养殖小区的牛奶被拒收和有数量限制的比例远远高于牧场的相应比例。

表4-10　奶牛养殖小区及牧场的不同级别牛奶价格对比　单位：个，元

	奶牛养殖小区			牧场		
	价格等级	样本量	均值	价格等级	样本量	均值
建小区（场）时	A	0	—	A	11	3.9
	B	2	3.4	B	9	3.6
	C	3	3.0	C	15	3.2
2014 年	A	3	3.8	A	10	4.3
	B	5	3.3	B	15	3.9
	C	7	3.1	C	14	3.7
2015 年	A	4	3.3	A	9	4.2
	B	2	3.1	B	14	3.7
	C	10	2.6	C	18	3.5

资料来源：笔者及团队调研整理。

表4-11　奶牛养殖小区及牧场与牛奶加工企业签订合同情况

单位：个，%

	奶牛养殖小区		牧场	
	样本量	比例	样本量	比例
签订合同数	17	90	46	100
合同期内被拒收	15	88	18	39
收购有数量限制	16	94	26	57

资料来源：笔者及团队调研整理。

4.3.5　奶牛养殖小区及牧场的投入和产出对比

奶牛养殖小区 2014 年平均每头奶牛的投入是 20750 元，其中饲料投入为 15307 元，占 74%，2015 年奶牛养殖小区的平均每头奶牛投入是 21167 元，其中饲料投入为 14953 元，占 71%。牧场 2014 年

平均每头奶牛的投入是 22803 元，其中饲料投入为 17039 元，占 75%。牧场 2015 年的平均每头奶牛投入是 23354 元，其中饲料投入为 16524 元，占 71%。2014 年牧场的头均投入比养殖小区多 2053 元，其中牧场的饲料投入比养殖小区多 1732 元。2015 年牧场的头均投入比养殖小区多 2187 元，其中牧场的饲料投入比养殖小区多出 1571 元（见表 4 - 12）。

表 4 - 12　奶牛养殖小区及牧场的奶牛养殖投入对比

单位：元/头·年

	奶牛养殖小区		牧场	
	2014 年	2015 年	2014 年	2015 年
精饲料投入	8737	8614	9318	9020
粗饲料投入	6570	6339	7721	7504
人工成本	3025	3461	3045	3850
医疗防疫	375	381	403	434
保险费	40	48	75	80
水电及固定资产维修等	2003	2324	2241	2466
合计	20750	21167	22803	23354

资料来源：笔者及团队调研整理。

奶牛养殖的产出包括牛奶产出、犊牛等副产品出售产出及牛粪出售产出等，牧场的奶牛年牛奶产出比养殖小区高一些。2014 年和 2015 年牧场的平均每头牛产奶量分别为 6100 公斤和 6200 公斤，分别比养殖小区高出 1000 公斤和 800 公斤（见表 4 - 13）。牧场和养殖小区的犊牛销售收入接近，不管是养殖小区还是牧场，牛粪都主要用来还田当玉米地的肥料了，所以销售牛粪收入比较少（见表 4 - 14）。

表4-13 奶牛养殖小区及牧场的牛奶产出对比

单位：千克/头·年，元/头·年

年份	奶牛养殖小区		牧场	
	产量	产值	产量	产值
2014	5100	17340	6100	24217
2015	5400	16200	6200	23560

资料来源：笔者及团队调研整理。

表4-14 奶牛养殖小区及牧场的牛奶产出和副产品产出对比

单位：元/头·年

	奶牛养殖小区		牧场	
	2014年	2015年	2014年	2015年
牛奶出售	17340	16200	24217	23560
犊牛出售	2250	1850	2380	1845
牛粪出售	0	130	700	890
合计	18590	18180	27297	26295

资料来源：笔者及团队调研整理。

从奶牛养殖小区和牧场的投入和产出比值对比来看，奶牛养殖小区的投入产出比从2014年的1∶0.89降为2015年的1∶0.86，牧场的投入产出比也有所下降，但是仍然比养殖小区的高一些，从2014年的1∶1.2下降为2015年的1∶1.1（见表4-15）。因为养殖小区的牛奶价格普遍比牧场的低，而且奶牛单产也比牧场的低，所以从投入产出比值来看，不管是2014年还是2015年奶牛养殖小区养奶牛是亏本的。牧场虽然比奶牛养殖小区好一些，也是微利经营。

表4-15　奶牛养殖小区及牧场的投入产出对比　单位：元/头·年

	奶牛养殖小区		牧场	
	2014 年	2015 年	2014 年	2015 年
总投入	20750	21167	22803	23354
总产出	18590	18180	27297	26295
投入产出比	1：0.89	1：0.86	1：1.2	1：1.1

资料来源：笔者及团队调研整理。

4.3.6　本节小结

通过对奶牛养殖小区及牧场的基本信息、技术人员构成、奶牛结构、牛舍条件、养殖技术与防疫、牛奶销售等方面的统计描述对比发现，奶牛养殖小区与规模牧场之间存在一定的差距。另外，从投入产出角度分析发现，由于饲养成本高，牛奶价格低，养殖小区基本处于不盈利状态，相比之下，牧场处于微利状态。加快养殖小区规模化、标准化改造，降低奶牛养殖小区牧场化改造的难度，缩短养殖小区与规模牧场的差距，是我国奶业健康发展的必经之路。养殖小区在发展过程中暴露出许多问题亟待解决，因此，加快奶牛养殖小区的改造升级对我国奶业健康发展有着重要的意义。

4.4　不同养殖规模的牧场

本节分析资料来源于课题组第二次调研获取的 46 个牧场、19 个养殖小区和 36 个养殖散户中的牧场数据。本节主要对 46 个牧场进行规模分类，然后对不同规模牧场的技术投入、价格分级、牛舍条件、资金来源、粪污处理、投入产出及收益情况进行对比分析。本节是基于笔者的硕士研究生汲鹏（2017）的硕士论文整理所得。

4.4.1 不同规模牧场的技术投入情况

对调研的 46 个牧场根据奶牛头数分成三类，即奶牛头数小于 500 头、头数在 500～1000 头（包含 500 头和 1000 头，下同）及头数大于 1000 头的规模组。在奶牛头数 500 头以下的牧场组里，有专门挤奶管理软件的有 3 个牧场，所占比例为 17%；能够进行选种选配的有 6 个牧场，所占比例为 33%；有能力进行奶牛 DHI 测定的有 7 个，所占比例为 39%，已经给奶牛佩戴计步器的有 2 个牧场，所占比例为 11%。在奶牛头数 500～1000 头的牧场组里，拥有专门挤奶管理软件的只有 2 个牧场，所占比例为 13%；可以进行选种选配的牧场 7 个，所占比例为 47%；有能力进行 DHI 测定的有 4 个牧场，所占比例为 27%；给奶牛佩戴了计步器的有 2 个牧场，所占比例为 13%。在奶牛头数 1000 头以上的牧场组里，拥有专门挤奶管理软件的有 4 个牧场，所占比例为 31%；可以进行选种选配的有 4 个牧场，所占比例为 31%；有能力进行 DHI 测定的有 4 个牧场，所占比例为 31%；给奶牛佩戴了计步器的只有 1 个牧场，所占比例为 8%（见表 4-16）。由此可见，不同规模牧场的技术投入方面区别不大，都有提升的空间。

表4-16　不同规模牧场的养殖技术投入情况　　　单位：个,%

	分类	500头以下		500~1000头		1000头以上	
		样本量	比例	样本量	比例	样本量	比例
是否有专门挤奶管理软件	是	3	17	2	13	4	31
	否	15	83	13	87	9	69
是否进行选种选配	是	6	33	7	47	4	31
	否	12	67	8	53	9	69
是否进行DHI测定	是	7	39	4	27	4	31
	否	11	61	11	73	9	69
是否佩戴计步器	是	2	11	2	13	1	8
	否	16	89	13	87	12	92

资料来源：笔者及团队调研整理。

4.4.2　不同规模牧场的价格分级情况

根据乳品加工企业的要求，不同规模牧场对价格进行了 A、B、C 三级分类，也有没有对价格进行分类的牧场。不同分类牛奶的收购价格有一定差别。2014 年，奶牛存栏在 500 头以下的牧场牛奶达到 A 级标准的有 2 个牧场，所占比例为 11%，有 5 个牧场达到 B 级标准，所占比例为28%，8 个牧场达到 C 级标准，所占比例为44%，还有 3 个牧场没有对牛奶进行分级，所占比例为17%；奶牛存栏头数在 500~1000 头的牧场中，有 4 个牧场达到 A 级标准，所占比例为27%，5 个牧场达到 B 级标准，所占比例为33%，另有 2 个牧场达到 C 级标准，所占比例为13%，还有 4 个牧场没有对牛奶进行分级，所占比例为27%；奶牛存栏头数在 1000 头以上的牧场中，有 7 个牧场达到 A 级标准，所占比例为54%，另有 6 个牧场达到 B 级标准，所占比例为46%，没有 C 级和未进行分级的牧场。2015 年情况稍微有所变化，奶牛存栏头数在 500 头以下的牧场里 3 个牧场达到 A 级标准，比例为 16%，7 个牧场达到 B 级标准，比例为 39%，6 个牧场达到 C 级标准，比例为 33%，有 2 个牧场未进行分级，比例为 11%；奶牛存栏头数在 500～1000 头的牧场里有 4 个达到 A 级标准，比例为 27%，5 个牧场达到 B 级标准，比例为 33%，4 个牧场达到 C 级标准，比例为 27%，未进行分级的牧场有 2 个，比例为 13%；奶牛存栏头数在 1000 头以上的牧场中 7 个牧场达到 A 级标准，比例为 54%，6 个牧场达到 B 级标准，比例为 46%，没有 C 级和未进行分级的牧场。从以上数据分析来看，2014 年到 2015 年，奶牛存栏头数在 500 头以下牧场的牛奶达到 A、B 等级的牧场比例均有上升，未分级和 C 级牧场的比例有所下降，但是奶牛存栏头数在 500～1000 头牧场的牛奶 C 级所占比例在上升，而奶牛存栏头数在 1000 头以上牧场牛奶分级情况比较稳定（见表4－17）。

表4－17　不同规模牧场的价格分级情况　　　　单位：个,%

年份	500 头以下			500～1000 头			1000 头以上		
	价格等级	样本量	比例	价格等级	样本量	比例	价格等级	样本量	比例
2014	A	2	11	A	4	27	A	7	54
	B	5	28	B	5	33	B	6	46
	C	8	44	C	2	13	C	0	0
	未分级	3	17	未分级	4	27	未分级	0	0
2015	A	3	17	A	4	27	A	7	54
	B	7	39	B	5	33	B	6	46
	C	6	33	C	4	27	C	0	0
	未分级	2	11	未分级	2	13	未分级	0	0

资料来源：笔者及团队调研整理。

4.4.3　不同规模牧场的牛舍条件

牧场的牛舍条件主要关注了牛舍结构、牛舍是否有卧床、是否有风扇、是否有喷淋及是否有积水等情况。在不同规模牧场中，奶牛存栏头数在 500 头以下的牧场里，牛舍结构为封闭式的牧场有 12 个，所占比例为 67%，牛舍是开放式的有 6 个牧场，比例为 33%；牛舍里安装了卧床的有 3 个牧场，所占比例为 17%；安装了风扇的有 5 个牧场，比例为 28%；安装了喷淋的有 2 个牧场，比例为 11%；牛舍有积水的有 8 个牧场，所占比例为 44%。奶牛存栏头数在 500 ~ 1000 头的牧场中，牛舍结构为封闭式的有 9 个牧场，所占比例为 60%，牛舍为开放式的有 6 个牧场，比例为 40%；牛舍里安装了卧床的有 4 个牧场，所占比例为 27%；安装了风扇的有 4 个牧场，所占比例为 27%；安装了喷淋的有 2 个牧场，所占比例为 13%；牛舍有积水的有 5 个牧场，所占比例为 33%。奶牛存栏头数在 1000 头以上的牧场里，牛舍结构为封闭式的有 12 个牧场，所占比例为 92%，开放式的只有 1 个牧场，所占比例为 8%；牛舍安装了卧床的有 8 个牧场，所占比例为 66%；安装了风扇的牧场有 3 个，所占比例为 23%；安装了喷淋的有 2 个牧场，所占比例为 15%；这个规模牧场里没有牛舍积水现象（见表 4 - 18）。从以上数据分析来看，规模在 1000 头以上的牧场牛舍条件明显好于其他规模牧场。

表4-18 不同规模牧场的牛舍条件　　　　单位：个,%

	分类	500头以下		500~1000头		1000头以上	
		样本量	比例	样本量	比例	样本量	比例
牛舍结构	封闭	12	67	9	60	12	92
	开放	6	33	6	40	1	8
是否有卧床	是	3	17	4	27	8	66
	否	15	83	11	73	5	34
是否有风扇	是	5	28	4	27	3	23
	否	13	72	11	73	10	77
是否有喷淋	是	2	11	2	13	2	15
	否	16	89	13	87	11	85
是否有积水	是	8	44	5	33	0	0
	否	10	56	10	67	13	100

资料来源：笔者及团队调研整理。

4.4.4　不同规模牧场的资金来源

不同规模牧场的资金来源主要考虑自筹资金、股东入股、风险投资、银行贷款、民间贷款及政府扶持等。奶牛存栏头数在500头以下的牧场中，资金来源是自筹资金的有2个牧场，所占比例为11%；采用股东入股的有2个牧场，所占比例为11%；采用银行借贷的有8个牧场，所占比例为45%；采用民间借贷的有6个牧场，所占比例为33%。这组规模牧场没有采用风险投资，也没有得到政府扶持资金。奶牛存栏头数在500~1000头的牧场中，资金来源靠自筹资金的有2个牧场，所占比例为13%；靠银行借贷的有6个牧场，所占比例为40%；靠民间借贷的有7个牧场，所占比例为47%。这组规模牧场没有采用股东入股，也没有得到政府扶持。奶牛存栏头数在1000头以上的牧场中，资金来源靠自筹资金的有3个牧场，比例为23%；靠股东入股的有4个牧场，比例为31%；靠银行借贷的有5个牧场，比例为38%；靠政府扶持的有1个牧场，比例为8%。这组规模牧场没有风险投资和民间借贷（见表4-19）。从以上数据分析可以得知，多数牧场资金来源主要靠银行贷款，其次是民间贷款。不同规模牧场自筹基金能力不同，得到政府资助的比例也有限。

表4-19　不同规模牧场的资金来源　　　　　单位：个,%

	500头以下		500~1000头		1000头以上	
	样本量	比例	样本量	比例	样本量	比例
自筹资金	2	11	2	13	3	23
股东入股	2	11	0	0	4	31
风险投资	0	0	0	0	0	0
银行贷款	8	45	6	40	5	38
民间借贷	6	33	7	47	0	0
政府扶持	0	0	0	0	1	8

资料来源：笔者及团队调研整理。

4.4.5 不同规模牧场的粪污处理情况

不同规模牧场的粪污处理主要考虑了沼气发电、制作有机肥、化粪池、堆积发酵及其他措施。奶牛存栏头数在500头以下的牧场中，粪污处理方式采用制作有机肥的有3个牧场，所占比例为17%；采用化粪池的有5个牧场，所占比例为28%；采用堆积发酵的有8个牧场，所占比例为44%；采用其他处理方式（主要是出售或掩

埋）的有 2 个牧场，所占比例为 11%。奶牛存栏头数在 500 ~ 1000
头的牧场中，粪污处理方式采用沼气发电的只有 1 个牧场，比例为
7%；采用制作有机肥的有 3 个牧场，比例为 20%；采用化粪池的有
2 个牧场，比例为 13%，采用堆积发酵的有 6 个牧场，比例为 40%；
采用其他处理方式的有 3 个牧场，比例为 20%。奶牛存栏头数在
1000 头以上的牧场中，粪污处理方式采用制作有机肥的有 6 个牧场，
比例为 46%；采用化粪池的有 2 个牧场，比例为 15%；堆积发酵的
有 4 个牧场，比例为 31%；采用其他处理方式的有 1 个牧场，比例
为 8%（见表 4 - 20）。规模牧场的粪污处理是关系到环境污染的大
问题，也是困扰不同规模牧场的现实问题。考虑到成本问题，多数
牧场主要采用堆积发酵的办法处理粪污。

表 4 - 20　不同规模牧场的粪污处理情况　　　　单位：个,%

	500 头以下		500 ~ 1000 头		1000 头以上	
	样本量	比例	样本量	比例	样本量	比例
沼气发电	0	0	1	7	0	0
制作有机肥	3	17	3	20	6	46
化粪池	5	28	2	13	2	15
堆积发酵	8	44	6	40	4	31
其他	2	11	3	20	1	8

资料来源：笔者及团队调研整理。

4.4.6　不同规模牧场的技术人员配备情况

牧场技术人员主要包括饲养与营养技术人员、育种与繁育技术
人员及兽医等。奶牛存栏头数在 500 头以下的牧场中，拥有饲养与

营养技术人员的有 3 个牧场，所占比例为 17%；有专门负责育种与繁育的技术人员的有 1 个牧场，比例为 6%；有自己牧场的兽医技术人员的有 3 个牧场，比例为 17%。奶牛存栏头数在 500～1000 头的牧场中，拥有饲养与营养技术人员的有 4 个牧场，所占比例为 27%；拥有育种与繁育技术人员的有 3 个牧场，所占比例为 20%；拥有兽医技术人员的有 4 个牧场，所占比例为 27%。奶牛存栏头数在 1000 头以上的牧场中，拥有饲养与营养技术人员的有 8 个，其比例为 62%；拥有育种与繁育技术人员的有 7 个牧场，其比例为 54%；拥有兽医技术人员的有 10 个牧场，其比例为 77% （见表 4－21）。由此可见，大规模牧场的技术人员配备情况明显比其他规模牧场的好。

表 4－21　不同规模牧场的技术人员配备情况　　　单位：个,%

分类		500 头以下		500～1000 头		1000 头以上	
		样本量	比例	样本量	比例	样本量	比例
饲养与营养	有	3	17	4	27	8	62
	没有	15	83	11	73	5	38
育种与繁育	有	1	6	3	20	7	54
	没有	17	94	12	80	6	46
兽医	有	3	17	4	27	10	77
	没有	15	83	11	73	3	23

资料来源：笔者及团队调研整理。

4.4.7　不同规模牧场的疫病防疫及治疗费用

不同规模牧场的奶牛疫病防疫及治疗费用投入有一定差别。奶牛存栏头数在 500 头以下的牧场中，每头奶牛一年的疫病防疫费用

为 400 元，治疗费用为 465 元；奶牛存栏头数在 500 ~ 1000 头的牧
场中，每头奶牛一年的疫病防疫费用为 600 元，治疗费用为 800 元；
奶牛存栏头数在 1000 头以上的牧场中，每头奶牛一年的疫病防疫费
用为 800 元，治疗费用为 725 元（见表 4 – 22）。奶牛存栏头数在
1000 头以上的牧场中，奶牛疫病防治费用最高，存栏头数在 500 头
以下的牧场中奶牛疫病防治费用最低，规模大的牧场奶牛疫病防疫
方面的投入比其他规模牧场高。由此可见，大规模牧场的风险意识
比其他牧场强。

表 4 – 22　不同规模牧场的疫病防疫费用　　　单位：元/头·年

	500 头以下	500 ~ 1000 头	1000 头以上
疫病防疫费用	400	600	800
疫病治疗费用	465	800	725
合计	865	1400	1525

资料来源：笔者及团队调研整理。

4.4.8　不同规模牧场的销售合同情况

不同规模牧场在合同期内牛奶是否被拒收和合同是否有数量限
制方面有一定的差别。奶牛存栏头数在 500 头以下的牧场中，所有
牧场都有合同期内被拒收牛奶的经历，这个规模牧场的牛奶销售合
同中对销售的牛奶都有数量限制；奶牛存栏头数在 500 ~ 1000 头的
牧场中，同样所有牧场都有合同期内被拒收牛奶的经历，牛奶销售
合同中有数量限制的有 7 个牧场，所占比例为 47%；奶牛存栏头数
在 1000 头以上的牧场中，所有牧场也都有合同期内牛奶被拒收的经

历，但是牛奶销售合同中有数量限制的只有 1 个牧场，所占比例只有 8% （见表 4 - 23）。

表 4 - 23　不同规模牧场的销售合同情况　　　　单位：个，%

		500 头以下		500 ~ 1000 头		1000 头以上	
		样本量	比例	样本量	比例	样本量	比例
合同期内是否被拒收	是	18	100	15	100	13	100
	否	0	0	0	0	0	0
合同是否有数量限制	是	18	100	7	47	1	8
	否	0	0	8	53	12	92

资料来源：笔者及团队调研整理。

4.4.9　不同规模牧场成本收益的对比分析

4.4.9.1　基于统计年鉴数据分析

在《全国农产品成本收益资料汇编》中，对小规模、中规模及大规模养殖分别定义为奶牛养殖头数 10 ~ 50 头为小规模养殖；奶牛养殖头数 51 ~ 500 头称为中规模养殖；奶牛养殖头数多于 500 头的称为大规模养殖。

从 2012 ~ 2018 年的不同规模养殖的饲养成本变化来看，小规模养殖成本从 2012 年每头年饲养成本 13918 元，增加到 2014 年的 21878 元，两年增加了将近 8000 元，然后到 2015 年有所下降，变为每头饲养成本 18853 元。然后连续两年上升到 2017 年的 19213 元，2018 年又有所下降，减少到每头饲养成本为 17862 元，比 2017 年减少了1351元。中规模养殖的饲养成本2012年每头是18048元，2013年有所下降，变为17882元，但是2014年和2015年分别上升到每头21656元和21923元，2015年比2012年增加了3875元。从2016年开始连续两年下降，2017年变为每头饲养成本20787元，2018年增加到每头饲养成本为21364元，比2017年增加了577元。大规模养殖的饲养成本2012年每头是19543元，一直上升到2014年的23711元，两年增加了4168元，然后2015年有下降趋势，变为23590元，比2014年减少了121元。2016年又减少到22851元，比2015年减少了739元，2017年饲养成本有所上升，变为23979元，比2016年增加了1128元，但是2018年又有所降低，减少到每头饲养成本为23778元，比2017年减少了201元，但是比起2012年，2018年每头饲养成本增加了4235元。由以上数据分析可知，大规模养殖的成本比其他规模养殖成本大，就2018年而言，大规模养殖的每头成本比中规模的多2414元，比小规模的多5916元（见表4-24）。

表4-24　内蒙古不同养殖规模每头奶牛年饲养成本　　　　　单位：元

年份	小规模	中规模	大规模
2012	13918	18048	19543
2013	16154	17882	20204
2014	21878	21656	23711
2015	18853	21923	23590
2016	19034	21584	22851
2017	19213	20787	23979
2018	17862	21364	23778

资料来源：根据2013～2019年《全国农产品成本收益资料汇编》数据整理而得。

奶牛饲养成本中占很大比重的是奶牛饲料投入。下面对比分析不同规模养殖的精饲料投入和青粗饲料投入情况。小规模养殖的 2012 年精饲料投入为 7924 元，然后逐年增加到 2015 年的 9402 元，比 2012 年每头精饲料成本增加了 1478 元，2016 年精饲料成本有所下降，变为 9376 元，但是 2017 年又增加到 9864 元，比 2016 年增加了 488 元，2018 年出现了下降趋势，变为 9452 元，比 2017 年减少了 412 元。但是总的趋势是增加的，2018 年小规模养殖的每头精饲料成本比 2012 年增加了 1528 元。小规模养殖的青粗饲料成本投入与精饲料投入变化有所不同。2012 年小规模养殖的青粗饲料每头成本为 1859 元，2013 年和 2014 年分别增加到 3344 元和 7083 元，比 2012 年分别增加了 1485 元和 5224 元。2015 年有了下降趋势，变为 3616 元，比 2014 年减少了 3467 元，几乎少了一半。但是 2016 年又增加到 4396 元，然后 2017 年和 2018 年分别减少到 4237 元和 3143 元。但是对比 2012 年，2018 年青粗饲料成本投入比 2012 年增加了 1284 元。中规模养殖的精饲料投入成本从 2012 年开始一直到 2018 年也有增有减地变化。2012 年，中规模养殖的精饲料投入成本是 8445 元，2013 年稍微增加到 8603 元，增加了 158 元。2014 年和 2015 年分别增加到 9139 元和 10372 元，比 2013 年分别增加了 536 元和 1769 元。从 2016 年开始连续三年下降，2016 年、2017 年和 2018 年分别为 9444 元、9202 元和 9165 元，比 2015 年分别减少了 928 元、1170 元及 1207 元。总的来看，中规模养殖的精饲料成本 2018 年比 2012 年增加了 720 元。中规模养殖的青粗饲料成本从 2012 年一直到 2018 年在浮动中有上升趋势。中规模养殖的青粗饲料投入 2012 年为 3948 元，2013 年和 2014 年连续增加到 4038 元和 5936 元，分别增加了 90 元和 1988 元。然后 2015 年又减少到 4481

元，比 2012 年减少了 533 元。2016 年稍有增加，到 4808 元，比 2015 年增加了 327 元。2017 年又减少到 4706 元，2018 年增加到 5148 元，比 2012 年增加了 1200 元。所以中规模养殖的青粗饲料投入成本在浮动中逐步上升。大规模养殖的精饲料投入成本很大，从 2012 年到 2018 年，精饲料投入成本都在 10000 元左右。2012 年为 10300 元，2013 年稍微上升为 11060 元，2014 年下降为 9943 元，比 2012 年减少了 357 元。2015 年又有增加，变为 10749 元，比 2014 年增加了 806 元。2016 年减少到 1 万元以下，变为 9781 元，比 2015 年减少了 968 元。2017 年和 2018 年又增加到 1 万元以上，分别为 10080 元和 11030 元，比 2012 年减少了 220 元和增加了 730 元。大规模养殖的青粗饲料投入成本也在浮动中上涨。2012 年为 3040 元，2013 年和 2014 年分别变化到 3156 元和 6730 元，比 2012 年分别增加了 116 元和 3690 元。然后 2015 年又减少到 5000 元以下，变为 4589 元。2016 年和 2017 年连续两年上升到 4935 元和 6622 元，比 2015 年分别增加了 346 元和 2033 元。2018 年调整到 5026 元，比 2012 年增加了 1986 元（见表 4 – 25）。

对比三个不同规模养殖的精饲料投入，2012 年大规模养殖的精饲料投入比中规模和小规模养殖的分别多 1855 元和 2376 元。到 2018 年，大规模养殖的精饲料投入比中规模和小规模养殖的分别多 1865 元和 1578 元。对比三个不同规模养殖的青粗饲料投入，2012 年大规模养殖的青粗饲料投入比中规模养殖的少 908 元，比小规模养殖的多 1181 元。到 2018 年，大规模养殖的青粗饲料投入比中规模养殖的少 122 元，比小规模养殖的多 1883 元。因此，大规模养殖的饲养成本比其他规模养殖的高主要体现在精饲料投入比其他规模养殖的多（见表 4 – 25）。

表 4 - 25　内蒙古不同养殖规模每头奶牛年饲料投入　　　单位：元

年份	小规模		中规模		大规模	
	精饲料	青粗饲料	精饲料	青粗饲料	精饲料	青粗饲料
2012	7924	1859	8445	3948	10300	3040
2013	8159	3344	8603	4038	11060	3156
2014	9383	7083	9139	5936	9943	6730
2015	9402	3616	10372	4481	10749	4589
2016	9376	4396	9444	4808	9781	4935
2017	9864	4237	9202	4706	10080	6622
2018	9452	3143	9165	5148	11030	5026

资料来源：根据 2013 ~ 2019 年《全国农产品成本收益汇编》数据整理而得。

不同规模养殖的单位劳动力投入情况对比看区别不大。小规模养殖的每头劳动力成本投入从 2012 年的 2047 元，减少到 2013 年的 1795 元，比 2012 年减少了 252 元。2014 年和 2015 年又连续增加到 2659 元和 3303 元，分别比 2012 年增加了 612 元和 1256 元。2016 年又有所减少，变为 2776 元，2017 年和 2018 年分别增加到 2784 元和 2971 元。2016 年、2017 年和 2018 年分别比 2012 年增加了 729 元、737 元和 924 元。中规模养殖的劳动力投入成本在浮动中上涨。中规模养殖的劳动力成本投入变化有一定的规律，从 2012 年的 1949 元，一路上升到 2016 年的 3472 元，比 2012 年增加了 1523 元，然后 2017 年有了下降趋势，变为 2762 元，2018 年又上升到 3262 元，比 2012 年增加了 1313 元。由此可见，中规模养殖的劳动力投入成本上升趋势明显。大规模养殖的劳动力投入成本也在浮动中上升。从 2012 年的 2407 元，一直增加到 2015 年的 3896 元，比 2012 年增加了 1489 元。然后连续两年减少，2016 年和 2017 年分别减少到 3788 元和 2712 元，比 2016 年分别减少了 108 元和 1184 元。到 2018 年又增加到 3184

元，比 2012 年增加了 777 元（见表 4 – 26）。大规模养殖的劳动力投入成本变化不是很大，在浮动中慢慢上升。

从不同规模养殖的劳动力投入成本对比看，2012 年大规模养殖的劳动力投入成本比中规模的多 458 元，比小规模的多 360 元。到 2018 年，大规模的劳动力投入成本比中规模的少 78 元，比小规模的仍然多 213 元（见表 4 – 26）。总的来看，不同规模养殖的头均劳动力投入成本区别不大。

表 4 – 26   内蒙古不同养殖规模每头奶牛年劳动力投入   单位：元

年份	小规模	中规模	大规模
2012	2047	1949	2407
2013	1795	2001	2383
2014	2659	2869	3032
2015	3303	3261	3896
2016	2776	3472	3788
2017	2784	2762	2712
2018	2971	3262	3184

资料来源：根据 2013 ~ 2019 年《全国农产品成本收益资料汇编》数据整理而得。

2012 ~ 2018 年，内蒙古不同养殖规模奶牛的头均年单产水平在浮动中呈上升趋势。2012 年小规模养殖的单产水平是头均 4778 公斤，2013 年上升到 5440 公斤，比 2012 年头均增加了 662 公斤。到 2014 年又有所下降，变为 5328 公斤，比 2013 年减少了 12 公斤。从 2015 年开始一直到 2018 年一路上升，从 2015 年的 5600 公斤增加到 2018 年的 7628 公斤，增加了 2028 公斤，比 2012 年增加了 2850 公斤。中规模养殖的头均产出也在浮动中上升。2012 年中规模养殖的头均产出为 5050 公斤，到 2013 年下降到 4698 公斤，头均下降了

352 公斤。2014 年又上升到 5514 公斤，比 2013 年增加了 816 公斤。2015 年和 2016 年连续增加了两年，分别增加到 6270 公斤和 6585 公斤，分别比 2014 年增加了 756 公斤和 1071 公斤。2017 年又有所减少，到 5867 公斤，比 2016 年减少了 718 公斤，但是 2018 年又有了上升趋势，变为 6438 公斤，比 2017 年增加了 571 公斤，比 2012 年增加了 1388 公斤。大规模单产同样在浮动中上升。2012 年大规模的头均产出为 6070 公斤，2013 年减少为 5862 公斤，减少了 208 公斤。但是 2014 年又有了稍微的增加，到 6042 公斤，比 2013 年增加了 180 公斤。2015 年和 2016 年连续增长了两年，分别为 6649 公斤和 7067 公斤，比 2014 年分别增加了 607 公斤和 1025 公斤。2017 年减少到 6772 公斤，比 2016 年减少了 295 公斤。但是 2018 年上升到 7538 公斤，比 2017 年增加了 766 公斤，比 2012 年增加了 1468 公斤（见表 4 - 27）。

表 4 - 27　内蒙古不同养殖规模每头奶牛年单产量　　　　单位：公斤

年份	小规模	中规模	大规模
2012	4778	5050	6070
2013	5440	4698	5862
2014	5328	5514	6042
2015	5600	6270	6649
2016	6533	6585	7067
2017	7583	5867	6772
2018	7628	6438	7538

资料来源：根据 2013 ~ 2019 年《全国农产品成本收益资料汇编》数据整理而得。

对比不同规模养殖的单产，2012 年大规模养殖的单产比中规模多 1020 公斤，比小规模养殖的单产多 1292 公斤。但是到 2018 年小规模养殖的单产变为最高，达到 7628 公斤，比中规模养殖的单产高出 1190 公斤，比大规模养殖的单产高出 90 公斤（见表 4 – 27）。由此可见，小规模养殖的单产开始起步比较低，但是发展很快，在单产水平上已经跟其他规模养殖齐头并进了。

不同规模养殖的奶牛头均产值也是在浮动中有上升趋势。小规模养殖的奶牛头均总产值 2012 年为 17017 元，2013 年和 2014 年分别增加到 20219 元和 21459 元，比 2012 年分别增加了 3202 元和 4442 元。2015 年和 2016 年又有所降低，分别降低到 21060 元和 20157 元，比 2014 年分别减少了 399 元和 1302 元。2017 年和 2018 年都有所增加，分别增加到 20838 元和 22056 元，比 2016 年分别增加了 681 元和 1899 元，比 2012 年分别增加了 3821 元和 5039 元。中规模养殖的头均总产值在浮动中升上的比例也比较明显。中规模养殖 2012 年的头均总产值为 19791 元，2013 年减少到 18531 元，减少了 1260 元。2014 年和 2015 年上升比较明显，分别增加到 26079 元和 26556 元，比 2013 年分别增加了 7548 元和 8025 元。但是 2016 年开始连续下降，2016 年、2017 年和 2018 年分别下降到 25038 元、23461 元和 23689 元，比 2015 年分别下降了 1518 元、3095 元和 2867 元。不过 2018 年比 2012 年还是增加了 3898 元。大规模养殖的头均总产值在多数年份变动不是很大，但也是在浮动中上升。2012 年大规模养殖的头均总产值为 23644 元，2013 年减少到 22915 元，减少了 729 元。2014 年又有了增加，变为 30379 元，比 2013 年增加了 7464 元。但是从 2015 年开始连续下降三年，2015 年、2016 年和 2017 年分别下降到 30198 元，29495 元和 27144 元，比 2014 年分别下降了 181 元、884 元和 3235 元。2018 年又恢复到 29645 元，比 2012 年增加了 6001 元（见表 4 – 28）。

表 4 – 28　内蒙古不同养殖规模每头奶牛年总产值　　　单位：元

年份	小规模	中规模	大规模
2012	17017	19791	23644
2013	20219	18531	22915
2014	21459	26079	30379
2015	21060	26556	30198
2016	20157	25038	29495
2017	20838	23461	27144
2018	22056	23689	29645

资料来源：根据 2013 ~ 2019 年《全国农产品成本收益资料汇编》数据整理而得。

对比不同规模养殖的头均总产值，大规模养殖的头均总产值比其他规模的高。2012 年大规模养殖的头均总产值比中规模的高 3853 元，比小规模的高出 6627 元。2018 年，大规模的头均总产值比中规模的高出 5956 元，比小规模的高出 7589 元（见表 4 – 28）。

不同规模养殖奶牛的总产值是由主产品产值和副产品产值构成的。前文分析了不同养殖规模的头均总产值发展趋势及相互之间的差别，接下来分主产品产值和副产品产值继续分析不同养殖规模头均产值变化及区别。

不同规模养殖的主产品产值在浮动中有上升趋势。奶牛的主产品产值是指牛奶产值。小规模养殖的 2012 年头均主产品的产值为 15388 元，之后三年连续上升，2013 年、2014 年和 2015 年小规模养殖的头均产值分别上升到 17722 元、18117 元和 18180 元，比 2012 年分别增加了 2334 元、2729 元和 2792 元。然后 2016 年又下降到 17039 元，比 2015 年减少了 1141 元。2017 年和 2018 年又连续上升到 17820 元和 18378 元，比 2016 年增加了 781 元和 1339 元。总的来看，2018 年比 2012 年增加了 2990 元，6 年平均增长速度为 3%。中规模养殖的 2012 年头均主产品产值为 18180 元, 2013 年下降到 16911 元, 减少了 1269 元。2014 年和 2015 年连续上升到 22871 元和 23224 元, 分别比 2013 年增加了 5960 元和 6313 元。然后连续三年持续下降, 2016 年、2017 年和 2018 年分别减少到 21801 元、19998 元和 20264 元, 分别比 2015 年减少了 1423 元、3226 元和 2960 元。但总的来讲, 2018 年比 2012 年增加了 2084 元, 6 年平均增长速度为 1.8%。大规模养殖的主产品产值 2012 年为 21852 元, 2013 年下降到 21103 元, 比 2012 年减少了 749 元。2014 年又增加到 27185 元, 比 2013 年增加了 6082 元。之后三年连续下降, 2015 年、2016 年和 2017 年分别下降到 26852 元、26180 元和 23656 元, 比 2014 年分别减少了 333 元、1005 元和 3529 元。2018 年增加到 26220 元, 比 2012 年增加了 4368 元 (见表 4-29), 6 年平均增长速度为 3.1%。

表 4-29 内蒙古不同养殖规模每头奶牛年主产品产值　　　单位: 元

年份	小规模	中规模	大规模
2012	15388	18180	21852
2013	17722	16911	21103
2014	18117	22871	27185
2015	18180	23224	26852
2016	17039	21801	26180
2017	17820	19998	23656
2018	18378	20264	26220

资料来源: 根据 2013~2019 年《全国农产品成本收益资料汇编》数据整理而得。

对比不同规模养殖的主产品头均产值, 2012 年大规模养殖的头均主产品产值比中规模的高出 3672 元, 比小规模的高出 6464 元。

2018 年大规模养殖的头均主产品产值比中规模的高出 5956 元，比小规模的高出 7842 元（见表 4 – 29），不同规模养殖的头均主产品产值的差距在拉大。

再对比分析不同规模养殖的头均副产品产值。奶牛养殖的副产品主要指犊牛、淘汰牛及粪便的产值，不同规模养殖的头均副产品产值差别不大。小规模养殖的头均副产品产值 2012 年为 1629 元，2013 年和 2014 年分别上升到 2497 元和 3342 元，比 2012 年分别增加了 868 元和 1713 元。2015 年稍微减少到 2880 元，比 2014 年减少了 462 元。2016 年增加到 3118 元，比 2015 年增加了 238 元，但是 2017 年又减少到 3018 元，比 2016 年减少了 100 元。2018 年增加到 3678 元，比 2012 年增加了 2049 元。中规模养殖的副产品头均产值 2012 年为 1611 元，之后三年连续增加，2013 年、2014 年和 2015 年分别增加到 1620 元、3208 元和 3333 元，比 2012 年分别增加了 9 元、1597 元和 1722 元。2016 年又减少到 3237 元，比 2015 年减少了 96 元。2017 年增加到 3463 元，比 2016 年增加了 226 元，2018 年又有所减少，变为 3425 元，比 2017 年减少了 38 元。但总的来看，2018 年中规模养殖的副产品产值比 2012 年增加了 1814 元。大规模养殖的副产品产值从 2012 年的 1792 元一直增加到 2015 年的 3346 元，增加了近一倍，然后下降到 2016 年的 3315 元，比 2015 年只减少了 31 元。2017 年增加到 3488 元，比 2016 年增加了 173 元，2018 年又减少到 3424 元，比 2017 年减少了 64 元。但是总的来看，2018 年大规模养殖的头均副产品产值比 2012 年增加了 1632 元（见表 4 – 30）。

表4-30　内蒙古不同养殖规模每头奶牛年副产品产值　　　单位：元

年份	小规模	中规模	大规模
2012	1629	1611	1792
2013	2497	1620	1812
2014	3342	3208	3194
2015	2880	3333	3346
2016	3118	3237	3315
2017	3018	3463	3488
2018	3678	3425	3424

资料来源：根据2013～2019年《全国农产品成本收益资料汇编》数据整理而得。

　　不同规模养殖的头均副产品产值区别不大。2012年大规模养殖的头均副产品产值比中规模养殖的高出181元，比小规模养殖的高出163元。2018年大规模养殖的头均副产品产值与中规模养殖的头均副产品产值基本一样，只相差1元，但是2018年大规模养殖的头均副产品产值比小规模养殖的低254元（见表4-30）。

　　前文分别对比了不同养殖规模的饲养总成本、精饲料和粗饲料成本、单位产值、总产值、主产品产值及副产品产值，其目的主要是想了解不同规模养殖的头均利润差别。表4-31显示不同养殖规模的年头均净利润。小规模养殖的2012年头均净利润为3099元，2013年增加到4065元。但是2014年小规模养殖出现了亏损，净利润变为-419元，主要是因为2014年小规模养殖的饲养成本异常增加了很多。2015年小规模养殖的头均利润变为2207元，比2012年减少了892元。2016年继续减少到1124元，比2012年减少了1975元。2017年有所上升，变为1625元，2018年增加到4193元，比2017年增加了2568元。2018年比2012年增加了1094元。中规模养殖的头均利润也在浮动中上升。2012年中规模养殖的头均利润为

1742 元，2013 年下降到头均利润只有 649 元，下降了 1093 元。2014 年和 2015 年又连续增加到 4423 元和 4633 元，比 2012 年分别增加了 2681 元和 2891 元。然后连续三年下降，2016 年、2017 年和 2018 年中规模养殖的头均利润分别为 3454 元、2674 元和 2325 元，比 2015 年分别下降了 1179 元、1959 元和 2308 元。但总的来看，中规模养殖的头均利润 2018 年比 2012 年增加了 583 元。大规模养殖的头均利润也在浮动中上升。2012 年大规模养殖的头均利润为 4101 元，2013 年下降到 2711 元，减少了 1390 元。2014 年又增加到 6668 元，比 2013 年增加了 3957 元。然后 2015 年稍微减少到 6608 元，比 2014 年只减少了 60 元。但是 2017 年又大幅度下降，变为 3165 元，比 2016 年减少了 3479 元。2018 年增加到 5866 元，比 2017 年增加了 2701 元。总的来看，大规模养殖的头均利润 2018 年比 2012 年增加了 1765 元（见表 4 - 31）。

表 4 - 31 内蒙古不同养殖规模每头奶牛年净利润　　　　　单位：元

年份	小规模	中规模	大规模
2012	3099	1742	4101
2013	4065	649	2711
2014	- 419	4423	6668
2015	2207	4633	6608
2016	1124	3454	6644
2017	1625	2674	3165
2018	4193	2325	5866

资料来源：根据 2013 ~ 2019 年《全国农产品成本收益资料汇编》数据整理而得。

对比不同规模养殖的头均利润来看，2012 年大规模养殖的头均利润比中规模高出 2359 元，比小规模高出 1002 元。2018 年大规模养殖的头均利润比中规模高出 3541 元，比小规模高出 1673 元（见表 4 – 31）。不同规模养殖的头均利润差别还是明显的。

4.4.9.2　基于调研数据分析

前文利用统计年鉴数据从宏观角度对比分析了不同规模养殖的投入和产出。总的来看，规模大的投入成本也大，相对来讲产出也比其他规模要多。

本部分利用第一手的调研数据从微观角度分析不同规模牧场的投入、产出及其他方面的差别。首先，对比不同规模牧场的饲养总成本，从表 4 – 32 可以看出，2014 年到 2015 年不同规模牧场的奶牛饲养成本都有所增加。2015 年奶牛存栏在 500 头以下的牧场中，每头奶牛的年饲养总成本是 16405 元，比 2014 年高出 1026 元，其中，饲料总成本增加了 596 元，人工费用增加了 181 元，医疗防疫费用增加了 200 元，其他投入费用（主要包括固定资产折旧和水电燃料动力费用）增加了 49 元，所有增加的成本里饲料成本增加所占比例最大，为 58%。其次，奶牛存栏头数在 500～1000 头的牧场，每头奶牛年饲养的总成本 2015 年为 20512 元，比 2014 年高出 841 元。其中，精饲料成本增加了 232 元，粗饲料成本增加了 113 元，同时人工成本增加了 196 元。医疗防疫成本增加了 220 元，奶牛保险、维修成本及其他成本合计增加了 80 元。同样，所有增加的成本里饲料成本仍然占很大比例，为 41%。另外，中规模牧场（500～1000 头）比小规模牧场（小于 500 头）风险意识强，奶牛上了保险。2015 年中规模牧场的每头奶牛的饲养成本比小规模牧场高出 841 元。最后，看奶牛存栏头数在 1000 头以上的大规模牧场，2015 年每头奶牛年饲养总成本为 25185 元，比 2014 年高出 392 元，其中，精饲料成本增

加了 250 元，粗饲料成本增加了 131 元，同时人工成本减少了 133
元，奶牛保险费用也减少了 10 元，维修成本增加了 20 元，其他费
用减少了 160 元，但是医疗防疫费用上涨了 294 元。2015 年奶牛存
栏头数在 1000 头以上的牧场的奶牛头均饲养成本比奶牛存栏头数在
500～1000 头的牧场高出 4673 元，比奶牛存栏在 500 头以下的牧场
高出 8780 元。根据以上数据分析可知，奶牛存栏头数在 1000 头以
上的牧场的每头奶牛年饲养总成本比其他牧场普遍要高。

表 4 – 32 不同规模牧场的每头奶牛年饲养总成本　　　　单位：元

	2014 年			2015 年		
	500 头以下	500～1000 头	1000 头以上	500 头以下	500～1000 头	1000 头以上
精饲料投入	7013	8729	10003	7125	8961	10253
粗饲料投入	4184	4823	6400	4668	4936	6531
人工成本	2157	2448	3825	2338	2644	3692
医疗防疫	665	1180	1231	865	1400	1525
保险费	0	75	80	0	100	70
维修成本	78	127	364	73	121	384
其他投入	1282	2289	2890	1336	2350	2730
合计	15379	19671	24793	16405	20512	25185

资料来源：笔者及团队调研整理。

表 4 – 33 主要给出了牧场成母牛、淘汰母牛及犊牛的 2014 年和
2015 年的出售价格情况。2014 年成母牛出售价格为 12000 元，2015
年下降到每头成母牛售价是 11000 元，下降 1000 元。这可能与市场
上牛奶价格下降，养牛需求下降有关。而淘汰母牛出售价格从 2014
年的 6000 元，增加到 2015 年的 7000 元。淘汰母牛一般作为肉牛处
理，由于市场牛肉价格上升，也使淘汰母牛的价格有所上升。犊牛

出售价格从 2014 年的 1400 元，增加到 2015 年的 1600 元，增加了 200 元。牧场一般出售公犊牛，而留母犊牛作为后备奶牛饲养。出售公犊牛一般以血清或者肉牛出售。

表 4-33　牧场不同类型牛的出售价格　　　　　单位：元/头

年份	成母牛	淘汰母牛	犊牛
2014	12000	6000	1400
2015	11000	7000	1600

资料来源：笔者及团队调研整理。

牧场产奶母牛的平均单产从建场时的 5 吨增加到 2014 年的 6.1 吨，继续增加到 2015 年的 6.2 吨。最高单产从建场时的 7.3 吨增加到 2014 年的 8.7 吨，2015 年有所下降，变为 8.6 吨。最低的单产从建场时的 4.3 吨，增加到 2014 年的 4.6 吨，2015 年的 4.7 吨。平均胎次也有所增加，从开始的平均 3.4 胎次，增加到 2014 年的 4.3 胎次，继续增加到 2015 年的 4.4 胎次。但是平均产奶期都没有达到 300 天（见表 4-34）。

表 4-34　牧场产奶母牛的单产及产奶期情况

	平均单产（吨/年）	每头最高单产（吨/年）	每头最低单产（吨/年）	平均产奶期（天）	平均胎次（胎）
建场时或开始养殖时	5	7.3	4.3	267	3.4
2014 年	6.1	8.7	4.6	259	4.3
2015 年	6.2	8.6	4.7	280	4.4

资料来源：笔者及团队调研整理。

从不同养殖规模牧场的产奶母牛单产分组情况看，奶牛存栏头数在 500 头以下的牧场中，日产 30 公斤以上的奶牛所占比例为

17%，日产20～30公斤的所占比例为50%，日产20公斤以下的所占比例为33%。奶牛存栏头数在500～1000头的牧场里，日产30公斤以上的所占比例为36%，日产20～30公斤的所占比例为47%，日产20公斤以下的所占比例为17%。奶牛存栏头数在1000头以上的牧场里，主要是日产30公斤以上的奶牛，其所占比例达到60%，日产20～30公斤的奶牛比例是36%，日产20公斤以下的奶牛比例只有4%（见表4－35）。由此可见，规模大的牧场高产奶牛所占的比例最高。

表4－35 不同规模牧场产奶母牛的每日单产情况 单位:%

规模	30公斤以上	20～30公斤	20公斤以下	合计
500头以下	17	50	33	100
500～1000头	36	47	17	100
1000头以上	60	36	4	100

资料来源：笔者及团队调研整理。

表4－36中主产品产值是指牛奶的销售产值，副产品产值是指出售淘汰牛及犊牛的产值。2014年奶牛存栏头数在500头以下的牧场中，每头奶牛产值为17105元，其中主产品产值为16105元，所占比例为94%，副产品产值为1000元，所占比例为6%。2015年奶牛存栏头数在500头以下的牧场中，每头奶牛产值增加到18335元，其中主产品产值增加到17348元，所占比例为95%，副产品产值稍有减少，为987元，所占比例为5%。奶牛存栏头数在500～1000头的牧场中，每头奶牛产值从2014年的22046元增加到2015年的22450元，增加了404元。其中主产品产值从2014年的20550元增加到2015年的21450元，增加了900元，副产品产值从2014年的

1296 元减少到 2015 年的 1000 元，减少了 296 元。奶牛存栏头数在 1000 头以上的牧场中，每头奶牛产值从 2014 年的 26806 元减少到 2015 年的 26630 元，减少了 176 元。其中，主产品产值从 2014 年的 25600 元减少到 2015 年的 25530 元，减少了 70 元，副产品产值从 2014 年的 1206 元减少到 2015 年的 1100 元，减少了 106 元。

从不同牧场的奶牛产值差别来看，2015 年奶牛存栏头数大于 1000 头的牧场每头奶牛产值比奶牛存栏头数在 500~1000 头的牧场 高出 4180 元，比奶牛存栏头数小于 500 头的牧场高出 8295 元（见 表 4-36）。由此可见，大规模牧场每头牛的产值比其他规模牧场的 产值大，大规模牧场有规模效应在起作用。

表 4-36   不同规模牧场每头奶牛产值情况   单位：元

年份	产值	500 头以下	500~1000 头	1000 头以上
2014	主产品产值	16105	20550	25600
	副产品产值	1000	1296	1206
	合计	17105	22046	26806
2015	主产品产值	17348	21450	25530
	副产品产值	987	1000	1100
	合计	18335	22450	26630

资料来源：笔者及团队调研整理。

从 2014~2015 年奶牛养殖净利润来看，虽然小规模牧场的利润 在增加，其他规模牧场的净利润在减少，但是不管是 2014 年还是 2015 年奶牛养殖头数在 500~1000 头的中规模牧场的利润都比其他 规模牧场的大，所以不是规模越大越好，而是需要适度规模经营才 能可持续发展。2014 年奶牛养殖头数在 500~1000 头的牧场每头平均净利润是 2375 元, 比小规模 (头数小于 500) 高出 649 元, 比大规模 (头数大于 1000) 高出 362 元。2015 年奶牛养殖头数在 500 ～ 1000 头的牧场每头平均净利润是 1936 元, 虽然比 2014 年有所下降, 仍然比小规模 (头数小于 500) 高出 6 元, 比大规模 (头数大于 1000) 高出 491 元。另外, 除了小规模牧场, 其他牧场的成本利润率都有不同程度的下降 (见表 4 - 37)。

表 4 - 37　不同规模牧场的成本收益对比　　　单位: 元/头, %

年份		500 头以下	500 ～ 1000 头	1000 头以上
2014	饲养总成本	15379	19671	24793
	奶牛总产值	17105	22046	26806
	净利润	1726	2375	2013
	成本利润率	11	12	8
2015	饲养总成本	16405	20512	25185
	奶牛总产值	18335	22450	26630
	净利润	1930	1936	1445
	成本利润率	12	9	6

资料来源: 笔者及团队调研整理。

4.4.10　本节小结

根据统计年鉴数据分析不同养殖规模的投入和产出结果表明, 总的来看, 大规模的各种投入比其他规模养殖的多, 因此产出也比其他养殖规模的大, 最后头均利润相对来讲也比其他规模养殖的高。但是第一手的调研数据分析结果比统计年鉴数据分析结果相对复杂一些。

从奶牛养殖总成本看, 存栏在 1000 头以上牧场奶牛年饲养总成本最大，其次是存栏在 500～1000 头和 500 头以下的牧场，其中存栏在 500 头以下的牧场奶牛年饲养总成本最小。存栏在 1000 头以上的牧场其饲料费用、人工费用等都显著地高于存栏在 500～1000 头和 500 头以下的牧场。在奶牛饲养总成本构成中，除饲料投入费用、人工成本外，其他费用所占比例较小且相对稳定。因此，饲料投入费用和人工成本是影响奶牛养殖总成本的关键性因素，也就是说饲料价格、人员构成及工资的变动直接决定了生产成本的走势。

从奶牛养殖总收益看，存栏在 1000 头以上的牧场奶牛单产显著高于存栏在 500～1000 头和 500 头以下牧场奶牛的单产。然而，存栏在 1000 头以上牧场的成本利润率并没有同步增长，反而存栏在 500～1000 头和 500 头以下的牧场成本利润率高于存栏在 1000 头以上的牧场。

综上所述，呼和浩特周边地区奶牛规模牧场养殖效益尚未发挥出来。存栏在 500 头以下和 500～1000 头的牧场成本利润率高于存栏在 1000 头以上牧场的原因主要有两点：一是原料奶质量差价小，后者每头奶牛年饲养成本高导致相对收益低；二是国外原料奶低价进口冲击和国内乳制品市场消费低迷的情况下，存栏在 500～1000 头和 500 头以下的牧场更容易缩减成本来维持生产。总的来看，存栏在 1000 头以上的牧场与存栏在 500～1000 头和 500 头以下牧场相比还是处于优势，主要表现在：有利于奶牛的育种与繁育、饲料与营养，可避免饲料搭配不当而造成的奶牛疾病从而节省治疗费。同时，有助于提升奶牛单产水平，保证原料奶质量。规模化饲养奶牛有助于推广现代养牛技术，而存栏在 1000 头以上的牧场的有序生产更有利于现代化技术应用和机械化实施。

第5章 奶牛养殖模式的效率研究

5.1 奶农、奶业合作社及牧场的效率对比

随着乳业经济的快速发展和人们生活水平的不断提高，人们的生活习惯也在逐步改善，牛奶已经从过去的奢侈品转变成为现在的生活必需品。截止到 2018 年底，中国牛奶产量为 3074.6 万吨，较 1996 年的产奶量 629.4 万吨，增长了将近 4 倍。从人均消费水平来看，2018 年全国人均奶类消费量城镇为 16.5 公斤，农村为 6.9 公斤，而在 1996 年城镇居民人均奶类消费量只有 8.02 公斤，农村居民人均奶类消费量只有 0.8 公斤（《中国统计年鉴》（2019））。

随着乳品消费不断增加，政府对奶业支持力度也不断加大，与此同时，我国奶牛养殖模式也正在慢慢发生变化，小规模养殖户所占的比例在逐年下降，其他新型养殖模式不断出现。截止到 2018 年底，全国家庭农场近 60 万家，全国依法登记的农民合作社达到 217.3 万家，是 2012 年的 3 倍多（农业农村部，2020）。

学者们对奶牛养殖规模及养殖模式进行了一系列研究，不同学

者的研究结论有一定的差异。解决奶业当前的发展难题必须以规模化养殖为根本（李胜利，2013）。大型牧场或牧业公司的奶牛养殖年平均收入最高，其次是养殖场或小区模式，而散养户的奶牛养殖年平均收入处于最低水平（张旭光等，2016）。也有学者利用边际成本效率的方法计算出不同规模奶牛养殖的成本效率水平，认为与小规模奶牛养殖相比，大规模奶牛养殖场之间的成本效率差异小（Alfons等，1990）。有学者认为集约化养殖场接近成本前沿时，强化和效率之间呈现正相关关系（Alvarez等，2008）。生产规模报酬不变时，农场生产效率与农业集约化、农业活动的家庭劳动贡献水平、全混合日粮饲喂系统的使用及挤奶频率呈正相关关系（Cabrera等，2010）。Tauer等（2006）的研究发现，虽然生产前沿成本随着农场规模的扩大而减少，但成本过高的原因是无效率而不是缺乏技术（Tauer等，2006）。尹春洋（2013）按照年均值核算净利润计算指出，每生产1公斤牛奶的净利润随着养殖规模增大而减少，即散养和小规模养殖具有一定效益优势，而中大规模养殖并无效益优势。但是，张菲等（2013）的研究表明，从全国层面来看，散养和小规模的全要素生产率小于中规模和大规模。可见在不同养殖模式的效率方面，学者们的研究结论有一定的差异。

那么，到底不同养殖模式的技术效率和规模效率有什么样的区别？到底哪种养殖模式更适合未来的奶业可持续发展趋势？本节利用数据包络分析方法试图分析小规模养殖散户、奶业合作社和家庭牧场等不同养殖模式的效率，从效率角度评价不同养殖模式的优势和劣势。

5.1.1 资料来源

内蒙古是重要的中国畜牧业的生产基地，草原面积约为 1.3 亿亩，可利用草场面积占中国草场总面积的 25%。在内蒙古生长着一千多种用于饲养的植物，特别是饲养牲畜的羊草、羊茅等禾本和豆科牧草，内蒙古优越的土质为内蒙古奶业的发展奠定了坚实的基础。2018 年，内蒙古奶牛存栏数达到 121 万，占全国奶牛存栏数的比重为 12%（《中国统计年鉴》（2019））。随着全国的规模牧场和奶业合作社的不断发展，内蒙古的奶牛养殖模式也正在发生变化，家庭牧场和奶业合作社数量不断增加，小规模奶牛养殖散户有逐渐退出奶业的趋势。

享有"中国乳都"之称的呼和浩特地处内蒙古自治区中部，伊利和蒙牛为代表的两大全国知名乳品企业对内蒙古的乳业发展做出了巨大的贡献。因此本研究选择内蒙古呼和浩特及其周边地区，对不同奶牛养殖模式效率进行研究，具有一定的代表性。

本节资料来源与第 4 章研究奶业合作社与奶农关系资料来源是一致的。为了便于回顾，这里再次简单叙述一下资料来源。研究团队于 2014 年 7 月、2014 年 10 月及 2015 年 1 月在内蒙古呼和浩特市周边地区采用简单随机抽样和分层随机抽样的方法最终调研了 22 个合作社，20 个牧场及 191 户奶农。本节研究是基于笔者的研究生赵雪娇（2015）的硕士论文进行整理分析而得。

5.1.2　DEA 模型简介

本章采用 DEA 分析方法，对比研究三种不同奶牛养殖模式的效率。DEA 模型是对同种类型的单位（决策单元）进行评价，依据每组给定决策单元的"输入"指标和"输出"指标，来评价其优劣。DEA 方法对解决多输入，多输出的问题具有绝对优势。本书产出变量不仅包括作为主产品的牛奶产出，还包括奶牛粪便、淘汰的奶牛、牛犊等副产品收入。投入变量包括劳动力投入，固定资产投入，精饲料投入及粗饲料投入等。

在 DEA 模型中，综合效率＝纯技术效率×规模效率。其中，综合效率是对决策单元的资源利用能力、使用效率等多方面因素的综合考量和评价；纯技术效率表示决策单位有效利用生产技术以达到产出最大化的程度，纯技术效率为 1 时，表示在当前的技术水平上，投入要素的使用是有效率的；规模效率是衡量决策单元产出与投入的比是否合适，其数值越高表示规模越合适，生产力水平越高。综合效率等于 1 时，表示纯技术效率以及规模效率均有效，当综合效率小于 1 时，表示供给的实现方式没有效率（马占新等，2013）。

在 DEA 中，一般被评价的单元（即样本）称为决策单元（DMU），设有 n 个决策单元（$j=1, 2, \cdots, n$），每个决策单元具有相同的 m 项投入（$i=1, 2, \cdots, m$）和相同的 s 项产出（$r=1, 2, \cdots, s$）。用 X_{ij} 表示第 j 单元的第 i 项投入量，Y_{rj} 表示第 j 单元的第 r 项产出量。投入向量可以表示为 $X = (x_{ij})_{m \times n}$，产出向量可以表示为 $Y = (y_{rj})_{s \times n}$，若用 v_i 表示第 i 项投入的权值，u_r 表示第 r 项产出的权值，

则第 j 决策单元的投入产出比 h_j 的表达式为（马占新等，2013；赵雪娇，2015）：

$$h_j = \frac{\sum\limits_{r=1}^{s} u_r y_{rj}}{\sum\limits_{i=1}^{m} v_i x_{ij}} (j = 1, \cdots, n) \tag{5-1}$$

令 $h_j \leqslant 1$，则对第 j_0 个决策单元的绩效评价可以归结为如下优化模型，进一步通过引入三个变量 t，w_i，μ_s 将其转化为一个线性规划问题：

$$\begin{cases} \max h_{j_0} = \dfrac{\sum\limits_{r=1}^{s} u_r y_{rj_0}}{\sum\limits_{i=1}^{m} v_i x_{ij_0}} \\[4mm] \dfrac{\sum\limits_{r=1}^{s} u_r y_{rj}}{\sum\limits_{i=1}^{m} v_i x_{ij}} \leqslant 1 (j = 1, \cdots, n) \\[4mm] v_i \geqslant 0 (i = 1, \cdots, m) \\[2mm] u_r \geqslant 0 (r = 1, \cdots, s) \end{cases} \tag{5-2}$$

最后经过对偶变换，引入对偶变量 $-\lambda$，θ，以及松弛变量 S^+ 和剩余变量 S^- 后得到如下模型：

$$\min\theta \begin{cases} \sum\limits_{j=1}^{n} \lambda_j x_{ij} + S^- = \theta x_{ij} (i = 1, \cdots, m) \\[3mm] \sum\limits_{j=1}^{n} \lambda_j y_{rj} - S^+ = y_{rj_0} (r = 1, \cdots, s) \\[2mm] S^- \geqslant 0, S^+ \geqslant 0 \\[2mm] \lambda_j \geqslant 0 (j = 1, \cdots, n) \end{cases} \tag{5-3}$$

上述模型的含义为，当 $h_{j_0} = \theta^0 = 1$，且 $S^+ = S^- = 0$ 时，则决策单元（DMU）为 DEA 有效；当 $h_{j_0} = \theta^0 = 1$，且至少有一个以上的输入

或输出大于 0，则决策单元（DMU）为弱 DEA 有效；当 $h_{j_0} = \theta^0 < 1$ 时，则决策单元（DMU）为 DEA 无效。通过松弛变量 S^+ 和剩余变量 S^- 的值可以判定投入冗余和产出不足，当其不为零时，则理论上需要减少投入或者是增加产出。对于 λ_j，当 $\sum \lambda_j = 1$ 时，可判定决策单元的规模报酬不变，当 $\sum \lambda_j < 1$ 时，决策单元的规模报酬递增，当 $\sum \lambda_j > 1$ 时，决策单元的规模报酬递减（赵雪娇，2015）。

DEA 方法对处理多输入，多输出的问题具有绝对优势，本节产出变量包括主产品产出（Y_1）以及副产品产出（Y_2），因为这两部分基本涵盖了奶牛养殖的所有收益。Y_1 单位为公斤，目的是排除牛奶价格变动的影响。Y_2 单位为元，因为副产品包含奶牛粪便、淘汰的奶牛及小牛犊等，单位不统一，统一用元来衡量，本次分析是基于同一年副产品的价格，因此价格波动对副产品收入的影响可以忽略不计。投入变量包括劳动力投入（X_1），以天为单位，包括两个部分，即"家庭用工天数"和"雇佣劳动力天数"，由于雇佣劳动以及家庭每天投入的时间不等，为统一口径，均以小时数为基础，按法定工作时间 8 小时/天折合为天数来计算；固定资产投入（X_2），单位为元，具体包括与奶牛养殖有关的"设施设备折旧及维修费"以及"固定场所折旧及维修费"；精饲料投入（X_3），单位为公斤，主要包括玉米以及全价配合饲料（包括 50 料），部分饲料配有蛋白、酒糟及麻饼等；粗饲料投入（X_4），单位为元，考虑到粗饲料用量大，种类多、价值小的特点，统一转化为元，主要包括玉米秸秆、青贮玉米、苜蓿、干草及羊草等（赵雪娇，2015）。

5.1.3 三种养殖模式的投入及产出对比情况

本部分对内蒙古呼和浩特市周边地区三种奶牛养殖模式包括牧

场、奶业合作社以及小规模散户养殖（简称散户，下同）的每头产奶母牛的年投入成本和年产出情况进行简单对比，根据简单统计描述方法初步分析不同养殖模式的优劣势。

从产出角度出发对三种养殖模式进行对比可知，牧场的产出水平高于合作社以及养殖散户。总产出包括牛奶的产量以及副产品的产值，以每头产奶母牛为分析对象，牧场的年产奶量分别高出奶业合作社 103 公斤，高出奶农 529 公斤。副产品也呈现相似状况，牧场分别比合作社以及奶农高出 191 元、289 元（见表 5－1）。从主产品最值来看，牧场的最大值与最小值之间差距为 1860 公斤，合作社为 2800 公斤，奶农达到 3575 公斤。这在一定程度上说明了牧场的奶牛产奶水平相对高一些，合作社其次，而散户的奶牛产奶水平参差不齐，相差较大。产生这种现象的原因可能主要在于奶牛的产奶期以及淘汰率。调研数据显示牧场的奶牛产奶期平均比散户奶牛的产奶期高出 21 天。从副产品产值也可以看出淘汰率的大小，因为淘汰的奶牛在副产品产值中占据非常大的比重。从表 5－1 可以看出，牧场的副产品产值平均比散户多出 289 元。原料奶生产的效率不仅取决于产出水平，还取决于投入量。为进一步确定三种养殖模式的综合效率，还必须对投入量进行分析。

表 5－1 三种养殖模式每头奶牛的年产奶量和副产品产值对比

	产出变量	样本量	平均值	标准差	最小值	最大值
牧场	主产品（公斤）	20	5885	649	5040	6900
	副产品（元）	20	1173	589	621	2776
合作社	主产品（公斤）	22	5782	700	4200	7000
	副产品（元）	22	982	320	542	1679

续表

	产出变量	样本量	平均值	标准差	最小值	最大值
散户	主产品（公斤）	191	5356	781	4050	7625
	副产品（元）	191	884	462	125	2429

资料来源：笔者及团队调查整理。

从饲料投入角度分析得出，牧场与合作社在精饲料的投入上相差不大，散户在精饲料的投入上要比牧场和合作社多，在粗饲料的投入上，散户的投入也明显高于合作社及牧场。奶牛养殖的投入主要有饲料的投入、劳动力的投入以及与生产有关的固定场所、设施设备等固定资产的投入。饲料进一步分为精饲料以及粗饲料。本次调研精饲料以全价配合饲料为主，2013年市场均价约1.5元/斤，以玉米面为辅，市场价1元/斤左右。粗饲料以玉米秸秆、青贮玉米以及羊草为主，部分伴有少量苜蓿。羊草大部分从东北等地区购买，平均价格0.5元/斤左右。从表5-2可以看出，牧场与合作社在精饲料的平均投入上相差不大，都在4000公斤左右，而散户的每头产奶牛年精饲料平均投入量为4217公斤，比牧场和合作社分别高出220公斤和210公斤。根据调研数据可知，散户户主平均年龄为50周岁，多年的奶牛养殖经验已经让他们形成了一套固定的模式。受传统观念"多投入多产出"的影响，他们可能更愿意选择相信自己的亲身经验而不愿意轻易接受他人的指导，因而在精饲料的投入上比牧场和合作社要多。在粗饲料的投入上，散户、牧场和合作社的粗饲料投入成本分别是3381元、2881元和2748元，散户的投入也明显高于牧场和合作社（见表5-2）。出现这种情况的可能原因除了散户的自身养殖习惯以外，还取决于粗饲料的成本。玉米秸秆几乎是家家都有的养牛饲料，散户对奶牛玉米秸秆的用量方面不是很关注成本，因此，散户的粗饲料投入要比牧场及合作社的多。

从劳动力的投入来看，牧场的劳动力投入远远少于其他养殖模式的劳动力投入。随着机械化水平的提高，奶牛的饲养、挤奶等均由原来的手工变为现在的机械操作，劳动所需要的时间大大缩短了，这种优势在大规模的养殖场体现得尤为明显。从表 5－2 可以看出，牧场每头奶牛年均劳动力投入比合作社少 9 天，比散户的少 50 天。散户由于养殖规模小，除了挤奶环节在政府的要求下不得不采用挤奶器，其他方面均以手工劳动为主，因此劳动投入量大。据调研了解，养殖奶牛 1～5 头的散户每天基本需要 2 个劳动力，每天工作 5～6 小时。

从固定资产投入来看，牧场比奶业合作社略高一点，散户的固定资产投入少。固定资产主要包括牛棚牛舍、晾牛场、挤奶间、挤奶设备、储奶设备、饲料棚及青贮窖的折旧及维修费等。对散户来讲，他们只需要缴纳一部分的管理费或少量的租金，便可以使用小区或合作社的牛棚牛舍等固定资产以及挤奶设备等，所以散户的固定资产投入量比牧场和奶业合作社分别少 583 元和 549 元（见表 5－2）。

表 5－2　三种养殖模式每头奶牛的年各种投入对比

	产出变量	样本量	平均值	标准差	最小值	最大值
牧场	劳动力（天）	20	17	4	10	26
	固定资产（元）	20	730	270	409	1336
	精饲料（公斤）	20	3997	470	3285	4745
	粗饲料（元）	20	2881	356	2363	3395

续表

产出变量		样本量	平均值	标准差	最小值	最大值
合作社	劳动力（天）	22	26	9	14	46
	固定资产（元）	22	696	268	367	1314
	精饲料（公斤）	22	4007	665	2738	5840
	粗饲料（元）	22	2748	919	1369	4061
散户	劳动力（天）	191	67	44	21	274
	固定资产（元）	191	147	138	27	769
	精饲料（公斤）	191	4217	651	3285	5840
	粗饲料（元）	191	3381	533	2373	4380

资料来源：笔者及团队调查整理。

5.1.4　采用 DEA 模型分析不同养殖模式的效率

运用 DEAPVersion 2.1 软件，选择投入主导型模型，运用 Multi - stage 方法分别以每头奶牛的投入产出值对内蒙古呼和浩特周边地区三种奶牛养殖模式的综合效率、纯技术效率及规模效率进行对比分析。

研究结果如表 5 - 3 所示，三种养殖模式的各种效率都没有达到最优水平，但是相对来讲，牧场和合作社的综合效率和规模效率明显高于散户。综合效率是规模收益不变情况下的技术效率，综合效率等于纯技术效率与规模效率的乘积。从表 5 - 3 可以看出，三种养殖模式下奶牛养殖的综合效率均没有达到 100%，牧场、合作社和散户的奶牛养殖综合效率分别为 88.4%、82.7% 和 77.5%。相对来讲，牧场的奶牛养殖综合效率高于合作社以及散户养殖，这在一定程度上说明了牧场是在当前的技术水平下，比较有效地利用了现有资源而达到产出一定的前提下，投入相对小的养殖模式。从规模效率来看，牧场和合作社的规模效率明显高于散户。结合本次调研情况，从实际养殖规模来看，牧场的平均奶牛养殖头数为830头，合作社为319头，而散户的平均养殖头数只有14头。从纯技术效率角度来看，合作社的值相对低，为88.2%。作为衡量资源利用能力的重要指标，纯技术效率的低下说明合作社在现有的技术水平下，投入要素相比其他两种养殖模式而言存在浪费现象，因此，提高合作社奶牛养殖效率的关键在于引入更先进的技术以及对现有技术的充分利用。

表 5-3　三种养殖模式的综合效率、纯技术效率及规模效率对比

单位：个，头，%

	样本量	养殖规模	综合效率	纯技术效率	规模效率
牧场	20	830	88.4	95.2	92.7
合作社	22	319	82.7	88.2	93.0
散户	191	14	77.5	88.6	87.2

资料来源：根据 DEA 模型结果整理所得。

为了进一步挖掘为什么牧场和合作社的综合效率比散户高，下面对三种模式的效率数据做进一步的分析。

从20家牧场的效率数据看，就纯技术效率和规模效率而言，绝大多数牧场已经达到较高的水平，但是综合效率有待于进一步提高。6家牧场的综合效率达到了1.00，占27.3%。这意味着6家牧场的规模效率以及纯技术效率同时达到最优水平。这6家牧场的饲料投入、固定资产以及劳动力投入要素相对而言比较合理，没有出现剩余或者不足现象。从纯技术角度分析，有11家牧场的纯技术效率为

1.00，占总牧场的55%。说明这些牧场对当前的技术利用比较充分，技术效率达到最优。从规模效率看，有6家牧场的规模效率值为1.00，达到最优规模效率，占总牧场的30%。20家牧场中，有6家牧场处于规模报酬不变阶段，其余的14家牧场均呈现出规模报酬递增的态势，这说明这6家牧场的奶牛养殖投入要素实现了最优组合，另外的14家牧场可以通过扩大投入等手段实现规模报酬效益。总的来讲，20家牧场中综合效率在0.80以下的有5家，占总数的25%，纯技术效率在0.80以下的只有1家，只占总数的5%；规模效率在0.80以下的也只有1家，占5%。所以就纯技术效率和规模效率而言，可以说明绝大多数牧场已经达到较高的水平（见表5－4）。

表5－4　20家牧场的综合效率、纯技术效率及规模效率

牧场	综合效率	纯技术效率	规模效率	规模报酬阶段
1	0.99	1.00	0.99	递增
2	0.73	1.00	0.74	递增
3	1.00	1.00	1.00	不变
4	0.73	0.79	0.93	递增
5	1.00	1.00	1.00	不变
6	1.00	1.00	1.00	不变
7	0.95	1.00	0.95	递增
8	0.84	0.95	0.88	递增
9	0.90	1.00	0.90	递增
10	1.00	1.00	1.00	不变
11	0.90	1.00	0.90	递增
12	0.93	0.95	0.97	递增
13	0.91	0.99	0.93	递增
14	0.80	0.92	0.87	递增
15	0.69	0.84	0.82	递增
16	0.66	0.80	0.82	递增

续表

牧场	综合效率	纯技术效率	规模效率	规模报酬阶段
17	0.75	0.81	0.93	递增
18	1.00	1.00	1.00	不变
19	1.00	1.00	1.00	不变
20	0.90	0.10	0.90	递增

资料来源：根据 DEA 模型结果整理所得。

　　进一步对 20 家牧场的投入要素进行分析得出，总体上看多数牧场的投入要素冗余较少。从理论上讲，若某一投入要素出现冗余，则表明产出一定的情况下投入存在浪费现象，在这种情况下需要适当减少投入。从表 5 - 5 可以看出，除了劳动力投入，总体上牧场的投入要素冗余情况较少，这再次验证了牧场奶牛养殖效率相对较高。劳动力投入冗余的有 8 家牧场，占 40%，固定资产冗余的只有 3 家，占 15%，精饲料投入冗余的有 2 家，粗饲料投入冗余的有 2 家，占比分别为 10%。出现劳动力投入要素冗余相对多一些，因为部分牧场的劳动力资源没有得到合理配置，出现了资源浪费现象（见表 5 - 5）。

表 5 - 5　20 家牧场的每头奶牛投入冗余情况

牧场	劳动力投入冗余	固定资产投入冗余	精饲料投入冗余	粗饲料投入冗余
1	0.00	0.00	0.00	0.00
2	- 0.80	- 449.70	0.00	- 156.60
3	0.00	0.00	0.00	0.00
4	- 8.75	0.00	0.00	0.00
5	0.00	0.00	0.00	0.00
6	0.00	0.00	0.00	0.00

续表

牧场	劳动力投入冗余	固定资产投入冗余	精饲料投入冗余	粗饲料投入冗余
7	0.00	0.00	0.00	0.00
8	− 1.34	− 134.30	0.00	− 278.60
9	0.00	0.00	0.00	0.00
10	0.00	0.00	0.00	0.00
11	0.00	0.00	0.00	0.00
12	− 8.09	0.00	− 102.20	0.00
13	− 2.70	0.00	0.00	0.00
14	0.00	0.00	0.00	0.00
15	− 3.70	0.00	0.00	0.00
16	− 5.44	− 80.90	0.00	0.00
17	− 0.11	0.00	0.00	0.00
18	0.00	0.00	0.00	0.00
19	0.00	0.00	0.00	0.00
20	0.00	0.00	− 58.10	0.00

资料来源：根据 DEA 模型结果整理所得。

对 22 家奶业合作社的进一步研究发现，27% 的综合效率达到最优，45% 的纯技术效率达到最优，32% 的规模效率达到最优。从表 5 − 6可以看出，奶业合作社的综合效率差别很大，最大值与最小值相差 0.58，最低的综合效率只有 0.42，综合效率达到 1.00 的奶业合作社有 6 家，占总数的 27%。从纯技术效率看，纯技术效率达到 1.00 的合作社有 10 家，占 45%。再从规模效率来看，规模效率达到 1.00 的有 7 家合作社，占总数比例为 32%。从规模报酬来看，有 3 家合作社呈现规模报酬递减的趋势，相对应的纯技术效率均为 1.00，说明这 3 家合作社的技术利用程度已经达到最佳，在此基础上多投入只会造成浪费。

表 5-6 22 家奶业合作社的综合效率、纯技术效率及规模效率对比

奶业合作社	综合效率	纯技术效率	规模效率	规模报酬阶段
1	0.75	0.97	0.78	递增
2	0.99	1.00	0.99	递增
3	0.73	0.83	0.88	递增
4	0.69	0.73	0.95	递增
5	1.00	1.00	1.00	不变
6	0.97	0.98	0.99	递增
7	0.99	1.00	0.99	递减
8	0.62	0.64	0.97	递增
9	0.99	1.00	0.99	递减
10	1.00	1.00	1.00	不变
11	1.00	1.00	1.00	不变
12	1.00	1.00	1.00	不变
13	1.00	1.00	1.00	不变
14	0.94	0.94	1.00	不变
15	1.00	1.00	1.00	不变
16	0.57	0.70	0.81	递增
17	0.42	0.60	0.70	递增
18	0.66	0.77	0.86	递增
19	0.72	0.75	0.96	递增
20	0.89	1.00	0.90	递减
21	0.76	0.89	0.86	递增
22	0.50	0.60	0.83	递增

资料来源：根据 DEA 模型结果整理所得。

对 22 家奶业合作社的投入要素进行冗余分析发现，合作社的投入要素存在不同程度的冗余。从要素投入类别来看，精饲料投入出现冗余的合作社最少，仅有 1 家，占比为 4.5%。但是粗饲料的冗余程度比较高，有 7 家，占比为 31.8%，而且冗余的最大值是最小值的将近 6 倍。另外，劳动力投入冗余及固定资产投入冗余出现情况

也比较多，分别有7家和8家，占比分别是31.8%和36.4%。这说明当前奶业合作社在劳动力、固定资产的配比及粗饲料的使用上还存在着一定程度的浪费，应该适当减少相应要素的投入或者适当扩大养殖规模而使多余的资源得到最充分的利用（见表5-7）。

表5-7　22家奶业合作社的每头奶牛的投入冗余情况

	劳动力投入冗余	固定资产投入冗余	精饲料投入冗余	粗饲料投入冗余
1	-21.20	0.00	0.00	0.00
2	0.00	0.00	0.00	0.00
3	-2.90	-14.10	-107.20	0.00
4	-6.20	-484.30	0.00	-343.70
5	0.00	0.00	0.00	0.00
6	0.00	-159.6	0.00	-1852.80
7	0.00	0.00	0.00	0.00
8	0.00	0.00	0.00	-495.50
9	0.00	0.00	0.00	0.00
10	0.00	0.00	0.00	0.00
11	0.00	0.00	0.00	0.00
12	0.00	0.00	0.00	0.00
13	0.00	0.00	0.00	0.00
14	-11.40	-176.50	0.00	-2053.50
15	0.00	0.00	0.00	0.00
16	-3.60	0.00	0.00	0.00
17	0.00	-65.80	0.00	0.00
18	0.00	-337.40	0.00	-870.90
19	-0.30	-395.70	0.00	-1095.20
20	0.00	0.00	0.00	0.00
21	-4.50	0.00	0.00	0.00
22	0.00	-1.40	0.00	-809.10

资料来源：笔者及团队调查整理。

最后，对 191 个散户样本做进一步的效率分组研究发现，散户综合效率达到最优的比例为 11%。还有 10% 的散户综合效率小于 60%。将近 1/3 的散户综合效率在 0.7～0.8。综合效率不高的主要原因是规模效率不高，而不是纯技术效率不高。比如，纯技术效率达到最优的散户有 41 户，占全部样本的 22%，纯技术效率大于 90% 但未达到最优的散户有 70 户，占全部样本的 37%，两项合计达到 59%。换言之，一半以上的散户纯技术效率达到或接近最优水平。而规模效率达到最优的散户只有 22 户，占 12%，规模效率大于 90% 但未达到最优的散户有 56 户，占 29%，两项合计达到 41%，不到一半。由此看来，要提高散户养殖的综合效率，应该从适当扩大养殖规模入手，提高规模效率（见表 5-8）。

表 5-8　农户散养的综合效率、纯技术效率及规模效率的分组数据

单位：户,%

效率分组	综合效率		纯技术效率		规模效率	
	户数	比重	户数	比重	户数	比重
效率 = 100	21	11	41	22	22	12
90 ≤ 效率 < 100	23	12	70	37	56	29
80 ≤ 效率 < 90	32	17	38	20	66	35
70 ≤ 效率 < 80	55	29	37	19	35	18
60 ≤ 效率 < 70	41	21	5	2	12	6
效率 < 60	19	10	0	0	0	0
合计	191	100	191	100	191	100

资料来源：根据 DEA 模型结果整理所得。

对 191 户散户的投入要素进行冗余分析发现，散户的各种投入要素都存在不同程度的冗余，劳动力冗余最多。70.7% 的散户劳动

力投入存在冗余情况。从前面的简单描述分析里我们已经发现散户的劳动力投入远远大于牧场和合作社。散户的固定资产投入也存在一定程度的冗余。精饲料和粗饲料的投入冗余情况不是很严重，分别是 23.6% 和 15.2%（见表 5 - 9）。这说明当前散户养殖模式在劳动力以及固定资产的配比上不合理，存在很大的浪费，造成散户养殖的综合效率不高。应该适当减少相应要素的投入或者适当扩大养殖规模而使多余的资源得到最充分的利用。

表 5 - 9　农户散养的每头奶牛的投入冗余情况　　　　单位：户，%

	户数	比重
劳动力投入冗余	135	70.7
固定资产投入冗余	103	53.9
精饲料投入冗余	45	23.6
粗饲料投入冗余	29	15.2

资料来源：根据 DEA 模型结果整理所得。

5.1.5　本节小结

本节利用 20 个牧场、22 个奶业合作社及 191 个散户的数据，采用统计描述分析及 DEA 模型分析相结合的方法，对比研究了三种奶牛养殖模式的综合效率、纯技术效率及规模效率。研究结论表明，三种模式的各种效率都没有达到最优水平。相对来看，牧场的综合效率和纯技术效率比奶业合作社和散户的高。就规模效率而言，牧场和奶业合作社的接近，都比散户的规模效率高。但是一半以上散户的纯技术效率也达到最优或接近最优水平。

进一步的研究表明，散户养殖模式的各种投入要素存在大量的冗余，散户养殖在投入量上存在一定的浪费。在不减少产出的前提下，需要科学合理地降低各种投入才能提高散户养殖的效率。另外，从产出角度分析，散户的年最高单产虽然能达到 7625 公斤，每头每天产出超过了 25 公斤，但是最低单产只有 4050 公斤，头均日产不到 14 公斤，散户养殖奶牛的单产差距很大。在投入一定的情况下，通过提高单产增加产出，也可以提高散户养殖的效率。

　　上述实证研究结论有较深刻的政策含义。近几年，政府提倡规模化、标准化、机械化及合作化的养殖道路，牧场和农业合作社快速发展，小规模养殖散户有逐渐退出乳业的趋势。如果从效率角度分析，牧场、合作社和散户的纯技术效率和规模效率有一定的差别，但是大部分牧场和合作社的纯技术效率和规模效率仍然没有达到最优，散户的纯技术效率也并不低。在未来一段时间内，中小规模养殖仍是国内奶牛养殖的不可忽视的力量。考虑到中小规模养殖散户的纯技术效率和规模效率都有提升的空间，政府应当正确引导中小规模养殖散户适度扩大养殖规模，逐步进行专业化改造、改良品种、科学饲养、降低成本、提升单产，进一步提高养殖效率。政府制定奶业政策时应该考虑如何降低奶农的养殖和市场等潜在的风险。

5.2　奶农、养殖小区及牧场的效率对比研究

　　本节资料来源与第 4 章的研究养殖小区与牧场以及不同规模牧场的资料来源一致，这里不再详细叙述资料来源过程。本节利用第

二次调研获得的 46 个牧场、19 个养殖小区及 36 户散户数据分别从投入、产出角度进行初步的统计描述，在对其效率的影响因素进行简单分析的基础上，运用随机前沿生产函数分析方法（SFA）对不同养殖模式的效率及影响因素进行实证研究。本节研究也是基于笔者的研究生王慧（2017）的硕士论文进行整理分析所得。

5.2.1　不同养殖模式效率差异的理论逻辑

根据产业经济学理论，某个产业的特征将决定该产业的组织模式和组织结构，并影响其规模化程度，从而最终影响其生产效率（苏东升，2010）。从奶业经济的鲜活性、交易的弱质性、信息不对称性、自然风险和市场风险大等特点看，规模养殖比散户养殖具有一定的优势（郜亮亮等，2015）。但是，从整个产业的发展来看，形成大、中、小型不同主体按照一定比例组合的规模结构，有利于整个产业实现生产的协同效应（苏东升，2010）。从奶业养殖规模来看，规模过大的牧场生产成本常常高于规模小的牧场，导致整个奶产业的效率损失，使整个奶产业无法实现规模经济效益（乌云花等，2019）。另外，奶产业存在很高的退出壁垒，导致资源要素无法合理流动，最终造成低效率。因此笔者预期，目前规模牧场的效率不一定与其他养殖模式的效率有很大差别，需要进一步验证。从早期的研究技术效率的方法来看，Farrell（1957）把经济效率分为两部分，包括技术效率和配置效率，最早提出了技术效率的前沿测定方法，反映既定投入要素的条件下能实现的最优产出。Aigner 和 Lovell（1977）采用了一种新方法对前沿生产函数进行估计，把扰动项分为两部分：一部分服从正态分布；另一部分服从半正态的随机分布。

模型结果表明扰动项的随机部分影响相对较小，这也证明了随机前沿的效率水平相对较高。Battese 和 Corra （1977） 利用澳大利亚牧业的调查数据进行随机前沿模型的估计，结果表明模型中随机误差的变动是非常重要的部分，这与 Aigner 和 Lovell 得出的有关农业数据的前沿模型结论相反。Schmidt 和 Lovell （1979） 从随机前沿成本函数的角度研究了随机生产、要素需求与边界成本之间的关系，对边界成本的形状和位置进行了连续估计。本节运用随机前沿分析（SFA） 模型，利用在内蒙古呼和浩特周边地区第一手的调研数据，对牧场、养殖小区及散户三种不同养殖模式的纯技术效率进行实证研究，进一步探讨目前不同养殖模式的技术效率是否有很大的差异。

5.2.2　从产出角度研究

牛奶是奶牛养殖过程中最重要的产出，所以本节选择牛奶产量作为产出变量。从表 5 - 10 可以看出，在三种奶牛养殖模式下，牧场模式下的奶牛单产最高，养殖小区次之，散户相对较低，分别是7052 公斤、6395 公斤和 5550 公斤。导致这种差距的原因包括以下几个方面：调研数据显示，牧场与养殖小区的奶牛平均产奶期较散户长 （分别为 269 天、266 天和 237 天），牧场中产奶量在 30 公斤以上的泌乳牛比例较养殖小区高 （分别为 37.6% 和 28.8%）。饲养条件方面，大部分牧场配有卧床和风扇，有一些甚至有喷淋；养殖小区中只有小部分有卧床、风扇和喷淋；散户中个别院落较大的带有卧床，没有风扇和喷淋。奶牛饲养条件的优越性间接影响奶牛的产出水平。从最值方面看，牧场模式的产奶量最值差距最大，其次是散户，养殖小区的差距相对最小。这应该与不同模式的养殖规模有关，规模最大的牧场奶牛存栏量达到 3900 头，而数量最少的只有 26 头；散户养殖最多的达 97 头，最少的只有 5 头；养殖小区最高的有 1366 头，最低的仅 15 头。这也从侧面反映了规模养殖的确存在一定的规模优势，但有待于我们作进一步的实证分析。当然，我们不能仅从产出来衡量不同模式，投入水平的高低也是重要的考虑因素。

表 5－10　2015 年不同养殖模式下每头奶牛的产奶量情况　　单位：公斤

养殖模式	样本量	最大值	最小值	平均值	标准差
牧场	46	10780	3600	7052	1514
养殖小区	19	8000	3000	6395	1352
散户	36	8000	2000	5550	1557

资料来源：笔者及团队成员调查整理。

5.2.3　从投入角度研究

饲料成本、人工成本及设备设施成本是奶牛养殖的重要成本。所以本节选取劳动力、固定资产、精饲料和粗饲料作为投入要素变量。从表 5－11 中可以看出，在劳动力投入方面，牧场的平均水平最低，仅 20 天，其次是养殖小区，为 22 天，散户劳动力投入水平最高，已经达到 33 天，明显高于牧场和养殖小区。导致这种差别的可能原因：一方面是牧场和养殖小区的机械化水平相对较高，人力投入更倾向于脑力劳动；另一方面由于两者养殖规模相对较大，雇用的常年工和临时工的总人工成本平均分摊到每一头奶牛，投入水平会降低。散户中一般都是夫妻双方共同经营，也有部分与子女共同养殖，几乎没有外雇劳动力，平时除农业耕作，其他时间几乎都用在奶牛养殖方面，加上本身饲养规模小，分摊到每头奶牛的平均水平就会较高。

在固定资产投入方面，牧场投入水平最高，达到 1084 元；养殖小区略低，平均为 920 元；散户投入相对最少，只有 187 元。不难理解，随着养殖规模的扩大，各养殖主体的运作日益规范化和专业化，牧场和养殖小区无论在设施还是在设备方面都相对较完善，固定资产折旧额和维修费自然较高。而散户思想上相对较保守且受到流动资金的限制，绝大部分只建立简易的牛舍，购买小型基础设备，如拖拉机、饲料切割机等，至于挤奶器、制冷间等大型设备设施都统一到奶站或小区使用，加上养殖规模的巨大差异，使得分配到每头奶牛的固定资产投入也产生较大不同。

在精饲料投入方面，养殖小区的投入水平最高，达到 4226 公斤，其次是牧场，平均有 4166 公斤；散户相对最低，平均只有 2787 公斤。精饲料主要是全价配合料和玉米，部分牧场和养殖小区还会辅助饲喂豆粕和麻饼。饲料支出在养殖成本中占重大比例，随着精饲料的价格逐年增高，而奶业市场却日益低迷，部分散户为节约成本，精饲料饲喂量低。牧场和养殖小区养殖规模大，大部分养殖人员注重饲料的科学搭配，同时一定规模的购买量也会获得价格上的优惠，所以精饲料投入量大。

在粗饲料投入方面，牧场的投入水平最高，每头奶牛平均在 5471 元；其次是养殖小区，为 4421 元；散户平均水平略低，为 4309 元。粗饲料主要包括青贮饲料和玉米秸秆，大多数牧场会大面积种植玉米秸秆和青贮饲料。为了提高产奶量和牛奶营养价值，近 87% 的牧场也会饲喂苜蓿，而苜蓿的市场价（约 2.8 元/公斤）远高于其他粗饲料，这是导致牧场投入水平较高的又一原因。养殖小区通常会根据产奶量的大小来喂食苜蓿，产奶量高的会多喂，产奶量低的少喂或不喂，所以投入水平低于牧场。散户中约 1/4 的养殖户饲喂苜蓿。总的来说，从奶牛头均养殖总投入看，牧场养殖的总投入最大，其次是养殖小区，投入最小的是散户。

表 5 – 11　2015 年不同养殖模式下每头奶牛的投入情况

养殖模式	投入变量	最大值	最小值	均值	标准差
牧场	劳动力（天）	51	5	20	10
	固定资产（元）	1892	148	1084	377
	精饲料（千克）	7125	2311	4166	1304
	粗饲料（元）	10329	1250	5471	2153
养殖小区	劳动力（天）	53	5	22	11
	固定资产（元）	3223	137	920	767
	精饲料（千克）	5961	2190	4226	903
	粗饲料（元）	8617	2036	4421	2101
散户	劳动力（天）	80	10	33	16
	固定资产（元）	1429	24	187	208
	精饲料（千克）	4623	2008	2787	1540
	粗饲料（元）	8278	2160	4309	1921

资料来源：笔者及团队成员调查整理。

5.2.4　实证模型设定

关于效率的测算方法主要有基于随机前沿生产函数模型（SFA）的参数法和基于数据包络分析（DEA）的非参数法。本节采用基于柯布—道格拉斯生产函数的随机前沿生产函数模型（SFA）来测算内蒙古地区奶牛不同养殖模式的技术效率水平，并分析其影响因素。具体模型设定在第 3 章研究方法有介绍，这里不再叙述。

5.2.5　模型变量的统计描述

表 5 - 12 列出了可能影响养殖户牛奶生产技术效率的模型变量的统计描述。除了养殖模式以外，在受教育程度方面，养殖主体受教育程度均值达到初中文化水平以上，教育水平最高的达到研究生学历，最低的为小学一年级。从养殖年限来看，养殖主体的平均养殖年限达到 16 年，最高的为 36 年，最少的仅为 1 年。在是否参加过技术培训方面，约 70% 的养殖主体都参加过奶牛养殖专业培训。在饲料搭配方面，精粗饲料比的平均值达到 0.5，不同模式养殖主体的饲料搭配差异较大是标准差较大的原因。在养殖规模方面，由于牧场和小区样本占比较大，所以平均养殖规模达到 334 头，标准差较大是因为散户与牧场和小区的存栏量差异较大。

表 5 - 12　模型变量的简单统计描述

变量	最大值	最小值	均值	标准差
牧场模式（牧场 = 1，其他 = 0）	1	0	0.5	0.5
小区模式（小区 = 1，其他 = 0）	1	0	0.2	0.4
户主或管理者受教育程度（年）	19	1	9.6	3.9
养殖年限（年）	36	1	16.0	7.0
是否参加过技术培训（是 = 1，否 = 0）	1	0	0.7	0.5
精粗饲料比例（%）	0.88	0.14	0.5	0.2
养殖规模（头）	3900	5	334	572

资料来源：笔者及团队成员调查整理。

5.2.6　函数设定检验

本节随机前沿生产函数使用软件 Frontier 4.1，利用最大似然估计法进行估计。首先验证生产函数的形式是否得当，用最大似然值比值检验法（LR 检验法）对超对数生产函数和柯布—道格拉斯生产函数两种形式进行检验，检验统计量为：

$$LR = 2\left[\ln L(\theta_1) - \ln L(\theta_0)\right] \sim \chi^2(q) \tag{5-4}$$

式（5-4）中，$L(\theta_0)$ 表示有约束条件时 θ 的最大似然估计，$L(\theta_1)$ 表示无约束条件时 θ 的最大似然估计，自由度 q 为限制条件的个数。

在表 5-13 中，原假设 1 代表函数为柯布—道格拉斯生产函数，也就是说全部解释变量的二次项系数都是零。原假设 2 代表所有样本的技术效率都处于生产前沿面上，即不存在技术效率损失。假设检验的结果显示，超对数函数形式优于柯布—道格拉斯生产函数，因此本节设定的函数形式是正确的。养殖主体的技术效率并未处在生产前沿面上，技术效率损失是存在的。

表 5-13　函数设定假设检验结果

序号	原假设	最大似然值	统计量	临界值（$\alpha = 0.01$）	检验结果
1	$H_0: \beta_i = 0,\ i = 5,\ 6,\ 7,\ \cdots,\ 14$	8.5	23.7	19.4	拒绝原假设
2	$H_0: \delta_i = 0,\ i = 0,\ 1,\ 2,\ \cdots,\ 7$	8.2	16.9	5.4	拒绝原假设

资料来源：根据软件运行结果整理。

5.2.7 模型估计结果

为了便于考察模型变量设定，再把第 3 章里的超对数生产函数叙述如下：

$$\ln y = \beta_0 + \beta_1 \ln la + \beta_2 \ln as + \beta_3 \ln js + \beta_4 \ln cs + \beta_5 (\ln la)^2 + \beta_6 (\ln as)^2 +$$

$$\beta_7 (\ln js)^2 + \beta_8 (\ln cs)^2 + \beta_9 \ln la \ln as + \beta_{10} \ln la \ln js + \beta_{11} \ln la \ln cs + \beta_{12}$$

$$\ln as \ln js + \beta_{13} \ln as \ln cs + \beta_{14} \ln js \ln cs + v_i - u_i \qquad (5-5)$$

被解释变量 y 表示养殖户的原料奶年产量（单位：公斤），所有解释变量具体为：la 为养殖户的劳动力投入（单位：天），as 为养殖户的固定资产投入（单位：元），js 为养殖户的精饲料投入（单位：公斤），cs 为养殖户的粗饲料投入（单位：元）。柯布—道格拉斯生产函数是超对数生产函数的一种特殊形式，当式（5-5）中所有平方项系数 $\beta_j = 0$（$j = 5$，6，7，$\cdots$，14）时，则超对数生产函数就成了柯布—道格拉斯生产函数（王慧，2017）。

超对数生产函数模型估计结果如表 5-14 所示。首先，技术无效率的方差占总方差的比例 γ 为正，并且在 1% 的水平上显著，说明不同养殖主体在奶牛养殖过程中存在显著的效率损失。其次，固定资产投入对牛奶产量有极显著的正向影响，在统计上达到 1% 的极显著水平。再次，精饲料投入对牛奶产量的贡献体现为 U 型曲线，精饲料投入一次项的系数估计符号为负，但未能通过显著性检验，而精饲料的二次项对产量起到 5% 的正向显著作用。最后，各种投入的交叉项也对产量有显著的作用，交差项系数为负说明两要素在牛奶产出中的交互作用是相反的，具有替代效应，劳动力投入与固定资产投入交叉项系数为负值，而且达到5%的统计显著水平。劳动力与精饲料投入及固定资产与精饲料投入交差项为正，都达到5%的统计显著水平。

表 5 – 14　超对数生产函数的估计结果

变量	系数估计	t 统计值	变量	系数估计	t 统计值
常数项	4.5	1.5	ln (la) ×ln (as)	−0.1**	−2.0
lnla	−0.3	−0.4	ln (la) ×ln (js)	0.1**	2.1
lnas	1.4***	2.8	ln (la) ×ln (cs)	0.0	1.2
lnjs	−0.1	−0.2	ln (as) ×ln (js)	0.1**	−2.6
lncs	0.0	0.0	ln (as) ×ln (cs)	0.1	0.4
ln (la)^2	−0.1	−0.8	ln (js) ×ln (cs)	−0.0	−0.7
ln (as)^2	−0.1	−1.4	σ^2	0.5**	2.1
ln (js)^2	0.1**	2.0	γ	1.0***	60.3
ln (cs)^2	0.0*	1.8	LR 单边检验误差	29.2	

注：*、**和***分别表示在10%、5%和1%水平上显著。

5.2.8　投入要素的产出弹性估计结果

由于在超对数生产函数模型中不仅有某个投入要素的一次项，也包含该要素的二次项以及与其他要素之间的交互项，不能直接反映出产出与投入之间的动态联系。因此要综合衡量投入要素与产出之间的关系，需要计算各投入要素的产出弹性，进一步说明各投入要素对养殖技术效率的影响。各投入要素的产出弹性计算公式如下：

$$\varepsilon_{la} = \beta_1 + \beta_5 \ln la + \beta_9 \ln as + \beta_{10} \ln js + \beta_{11} \ln cs$$

$$\varepsilon_{as} = \beta_2 + \beta_6 \ln as + \beta_9 \ln la + \beta_{12} \ln js + \beta_{13} \ln cs$$

$$\varepsilon_{js} = \beta_3 + \beta_7 \ln js + \beta_{10} \ln la + \beta_{12} \ln as + \beta_{14} \ln cs$$

$$\varepsilon_{cs} = \beta_4 + \beta_8 \ln cs + \beta_{11} \ln la + \beta_{13} \ln as + \beta_{14} \ln js \qquad (5-6)$$

式（5-6）中，ε_{la}、ε_{as}、ε_{js} 和 ε_{cs} 分别代表劳动力投入、固定资产投入、精饲料投入和粗饲料投入的产出弹性。β 值来自表 5-14 中的参数估计结果，$\ln la$、$\ln as$、$\ln js$、$\ln cs$ 取各投入要素对数值的几何平均值。

从表 5-15 的计算结果可以看出：劳动力的产出弹性是负值，说明可能存在劳动力投入过剩的现象，继续增加劳动力投入会对牛奶产出产生消极作用，这一结论与其他学者的研究相吻合。固定资产的产出弹性为正值，意味着当前继续增加固定资产的投入有利于产奶量的提高。精饲料和粗饲料投入的产出弹性均为正值，表明当前继续增加精饲料和粗饲料的投入量也有利于产奶量的提高。

表 5-15　各投入要素的平均产出弹性

项目	劳动力	固定资产	精饲料	粗饲料
产出弹性	-0.0	1.3	0.2	0.6

资料来源：笔者及团队调研整理。

5.2.9　技术效率的测算结果

表 5-16 列出了奶牛不同养殖模式下技术效率测算结果。牧场的技术效率平均值达到 0.9，最大值为 1.0，最小值为 0.8。养殖小区的技术效率平均值为 0.8，最大值达到 1.0，最小值仅为 0.4。散户的技术效率平均值为 0.7，最大值为 0.9，最小值只有 0.3。如果

进一步按照效率分组，效率值大于90%的牧场比例为39%，养殖小区在这个区域的比例为42%，而效率值大于90%的散户比例只有14%。不同养殖模式的技术效率平均值都没有达到最优水平，而且技术效率的均值差别不大，都有提升空间。

表5-16　不同养殖模式的技术效率对比

	样本量	平均值	最小值	最大值	效率值大于0.9的 比例（%）
牧场	46	0.9	0.8	1.0	39
养殖小区	19	0.8	0.4	1.0	42
散户	36	0.7	0.3	0.9	14
总平均	—	0.8	0.3	1.0	—

资料来源：根据软件运行结果整理。

5.2.10　技术效率损失的影响因素模型结果

为了便于解释模型估计结果，把第3章研究方法里介绍的效率损失的影响因素模型再简单介绍如下：

$$m_i = \delta_0 + \delta_1 mc + \delta_2 xq + \delta_3 edu_i + \delta_4 yea_i + \delta_5 tra_i + \delta_6 jcb_i + \delta_7 clg_i$$

$$(5-7)$$

式（5-7）中，m_i表示养殖户技术无效率的程度，mc为虚拟变量（牧场模式=1，其他模式=0），xq为虚拟变量（小区模式=1，其他模式=0），edu_i表示养殖户的受教育年限（年），yea_i表示饲养奶牛的年限（年），tra_i表示是否接受培训（是=1，否=0），jcb_i表示精粗饲料比例（%），clg_i表示存栏规模（头）（王慧，

2017）。

技术无效率的影响因素模型估计结果如表 5 - 17 所示。

表 5 - 17　技术效率损失的影响因素模型估计结果

变量	系数估计	t 统计值	变量	系数估计	t 统计值
常数项	- 2.0	- 1.3	养殖年限（年）	0.8 *	1.7
牧场模式（1 = 牧场，0 = 其他）	- 1.3 **	- 2.5	是否参加过技术培训（1 = 是，0 = 否）	- 0.7	- 1.6
养殖小区模式（1 = 小区，0 = 其他）	- 0.9 ***	- 2.8	精粗饲料比例（%）	1.0 **	2.1
户主或管理者受教育程度（年）	- 2.7	- 1.3	养殖规模（头）	- 0.6 **	- 1.9

注：*、** 和 *** 分别表示在 10%、5% 和 1% 水平上显著。

首先，对比散户模式，牧场和养殖小区模式对技术效率损失有显著的负影响。即牧场和养殖小区的技术效率比散户的技术效率显著高，在统计上分别达到 5% 和 1% 的水平。由此可见，养殖模式显著影响技术效率。

其次，养殖年限对技术效率损失产生了显著的正向影响。在调研中也发现，养殖年限较长的主体面临年纪变老、自身精力不足的现实情况，单一凭借养牛实践中经验的积累并不能对技术效率的提高有明显的帮助。

再次，精粗饲料比例对技术效率损失有显著的正向影响。即精粗饲料比越高，技术效率损失就越大，也就是技术效率越低。这说明奶牛饲料搭配存在不合理的情况。适当减少精饲料的投入量，丰富粗饲料的种类，使得精粗饲料合理搭配有助于技术效率水平的提升。

最后，养殖规模也对技术效率损失产生了显著的负向影响。即养殖规模越大，技术效率损失就越小，也就是技术效率越高。这在一定程度上说明了奶牛养殖业存在规模经济效应，目前的养殖规模还没有达到最优规模。适度的规模经营对于技术效率的改进也有明显的推动作用。

5.2.11　本节小结

本节以内蒙古呼和浩特周边地区为例，对三种奶牛养殖模式包括牧场、养殖小区及散户的技术效率和影响因素进行了实证研究，得出如下的几点研究结论：

首先，从投入、产出及效率影响因素三个方面对内蒙古地区的牧场、养殖小区及散户养殖模式进行了统计描述。从产出方面看，牧场的奶牛单产年产出量最高，达到 7051 公斤；然后是养殖小区，6394 公斤；散户相对较少，仅 5549 公斤。从投入角度看，散户劳动力投入最高，然后是养殖小区，牧场最低；固定资产和粗饲料投入量都是牧场最高，养殖小区次之，散户最低；养殖小区精饲料的投入量最高，牧场略低，散户的投入水平最低。

其次，模型设定检验表明超对数函数形式优于柯布—道格拉斯生产函数，本节设定的超对数函数形式是正确的，养殖主体的技术效率并未处在生产前沿面上，技术效率损失是存在的。

再次，超对数生产函数模型结果表明，各种投入因素里固定资产投入对牛奶产量的提高有极显著的正向影响，说明适当增加固定资产的投入对牛奶产量的提高有积极作用。

又次，投入要素的产出弹性估计结果表明劳动力的产出弹性是负值，说明可能存在劳动力投入过剩的现象。其他投入量的产出弹性都是正值，其中，固定资产的产出弹性最大，说明固定资产投入对产出的贡献比其他投入更大。

最后，技术效率的模型结果显示，内蒙古奶牛养殖业的平均技术效率为 0.83，尚存有较大的提升空间。在现有技术水平和投入不变的情况下，如果消除因技术效率所造成的损失，产出水平还可以增加 0.17。牧场和养殖小区养殖模式的产出效率分别达到 0.88 和 0.84 的水平，散养模式的效率水平相对低一些，为 0.74。进一步技术效率损失的影响因素模型估计结果表明，养殖模式和养殖规模对技术效率的提高有显著的正向影响，精粗饲料比和养殖年限对技术效率的提高有显著的负向影响。

以上研究结论有重要的政策含义。第一，从不同养殖模式的技术效率都没有达到理想水平来看，我国的奶牛养殖业的发展任重道远，应该引起各方的足够重视。第二，规模养殖在提高饲养管理水平、保证奶质安全、提高养殖效益方面比散养模式具有一定的优势，但是如果规模太大，前期投入巨大，资金回笼缓慢，养殖成本不容易控制。调研中发现一些牧场为享受政府补贴急于追求数量和规模的扩张，科学的饲养管理方法和技术跟不上，规模的快速扩张导致对草地、耕地等有限自然资源的需求不断增加，存在很高的退出壁垒，导致资源要素无法合理流动。虽然养殖规模对技术效率有显著的正向影响，但是养殖规模的发展壮大要综合考虑各方面因素，包括奶牛场配套的饲草饲料地的大小及周边环境的承载能力等，要做到经济效益、生态效益与社会效益的有机统一，规模发展切勿贪大求快。第三，科学的精粗饲料配比对提高牛奶产量至关重要。从精粗饲料比对牛奶产量有显著的负向影响看，需要适当减少精饲料投入，提高粗饲料营养和数量。饲料资源的丰盈富余是奶牛养殖能否持续蓬勃发展的重要保障，关系到规模养殖能否有更大的发展空间。调查过程中发现很多养殖主体对粗饲料的认识存在误区，过度强调精饲料而忽略了粗饲料的价值，导致精饲料的使用未能发挥出应有的价值。

第6章　小农户退出奶业的
影响因素研究

本章主要研究内蒙古呼和浩特周边地区小规模养殖户退出奶业的影响因素及退出以后的就业及收入变化情况。数据来源与第4章和第5章的数据来源一致，这里不再详细叙述数据来源过程。本章分析需要其中的191户奶牛养殖户及120户退出奶业的农户样本。本章首先梳理了相关文献；其次在对退出户和养殖户进行了简单的统计描述分析的基础上，主要对比退出户和养殖户在制度因素、激励因素、市场环境因素、自身特征因素及家庭特征因素方面的差异，初步判断退出的原因，然后建立了Logit模型和Probit模型，实证研究小规模养殖户退出奶业的主要影响因素；最后对以奶牛养殖为生计的小规模养殖户退出奶业后的就业及收入情况进行了统计描述分析。本章是在笔者的研究生贾璐（2016）的硕士论文的基础上整理所得。

6.1　梳理关于小规模奶农的相关文献

关于小规模奶农，学者们有不同的看法和研究结论。小规模养殖的衰退是不可避免的，是由追求利益和经济、政治等外部因素共同决定的（李翠霞等，2012）。小规模奶农退出奶牛养殖业是奶产业升级发展的必然结果（张维银，2013）。也有学者认为我国近几年虽然加大了对奶业的扶持力度，但是政策偏好于大规模养殖，缺少资金的小规模奶农缺乏政策支持（刘玉满，2014）。小规模养殖户的困难是由制度的弊端和陈旧的观念导致的（张永根等，2009）。小规模奶农的问题是养殖规模太小了，至少要达到 30 头才能获得养殖利润（花俊国，2013）。散户退出奶业是乳品产业链发展的结果（于海龙等，2012）。有学者认为家庭牧场是奶牛养殖未来发展的模式（孙溥，2015）。也有观点认为散户退出的最主要的问题是散养户的组织化程度比较低，散户也缺少必要的话语权（杨志武，2012）。散户是政策的被动接收方（姚梅，2013），但是散户的效率比其他规模养殖更趋于稳定（郜亮亮等，2015）。有学者认为奶农退出奶业是由成本收益决定的（Bragg 等，2004）。也有学者认为养殖经验阻碍了奶农的进一步发展（Hansson 等，2011）。还有学者认为劳动力的缺少和老年化促进了奶农的退出（Mishra 等，2014）。家庭劳动力的老年化是奶农退出的主要因素（Herck 等，2015）。

学者们关于小规模养殖户的研究存在分歧。一部分学者从产业发展和食品安全角度认为小规模养殖户退出奶业是产业发展的必然趋势，规模化的牧场取代小规模散户养殖是产业升级的必然趋势。也有学者支持奶农退出是自身原因导致的。但是也有一部分学者从效率角度认为小规模养殖更有效率更稳定，小规模退出是政府补贴大规模导致的制度因素引起的无奈之举，不是市场选择的结果。那么，到底小规模奶农退出奶业有哪些影响因素？哪些因素起到了决定作用？小规模奶农退出奶业以后的就业和收入发生了什么变化？本部分研究试图回答以上问题。

6.2　统计描述分析奶牛养殖户和退出户之间的差异

表6-1至表6-5详细列出了奶牛养殖户和退出户在补贴政策、自身特征、家庭特征、非农就业及市场条件方面的差异。

第一，补贴政策方面有差异。如表6-1所示，在近5年内对大规模养殖户有补贴的村选择退出奶业的奶农比重为69%，比选择继续养殖的奶农所占的比重高27%；在近5年内对大规模养殖户没有补贴的村里选择退出奶业的奶农所占的比重仅为31%，比选择继续养殖的奶农所占的比重低27%。在调研过程中，我们也发现有的合作社和牧场获得过标准化规模养殖补贴，补贴金额在30万~80万元，有的虽然没有得到过补贴，但是当地政府向它们提供了无偿使用土地等优惠条件。因此政府对大规模养殖的补贴可能进一步推动了散户的退出。

表 6 - 1　奶牛养殖的退出户和养殖户在政策因素方面的对比

单位：个，%

近5年所在村对大规模养殖户是否有补贴	退出户		养殖户	
	样本数	比重	样本数	比重
1 = 有补贴	83	69	80	42
0 = 没有补贴	37	31	111	58

资料来源：笔者及团队调查整理所得。

第二，农户自身特征方面有差异。通过对比退出户和养殖户的年龄发现，退出户的平均年龄高于养殖户。如表 6 - 2 所示，首先，在调查的退出户中，户主的年龄低于 45 岁（包括 45 岁）的有 32 户，所占比重为 27%，年龄 45 ~ 55 岁（包括 55 岁）的有 35 户，所占比重为 29%，年龄高于 55 岁的有 53 户，所占比重为 44%；而在养殖户中，户主的年龄低于 45 岁（包括 45 岁）的有 56 户，所占比重为 29%，年龄 45 ~ 55 岁（包括 55 岁）的有 84 户，所占比重为 44%，年龄高于 55 岁的有 51 户，所占比重为 27%。因此年龄可能是影响养殖户退出奶业的一个因素。其次，对比户主的文化水平可知，在退出户中户主的文化程度在小学及以下水平的比重为 48%，在养殖户中这个比例为 40%，养殖户的低 8%；初中文化程度的比例在养殖户和退出户中差不多，分别为 45% 和 43%，相差 2%；而户主的文化程度在高中及以上水平的比例在退出户是 7%，养殖户为 17%，养殖户高出 10%。总的来讲，养殖户的文化程度略高于退出户。最后，从饲养年限的对比看，退出户中饲养年限低于 12 年（包括 12 年）的占 67%，饲养年限高于 12 年的比例只有 33%；而对于养殖户来讲，饲养年限低于 12 年（包括 12 年）的占 45%，饲养年限高于 12 年的比例达到 55%。这说明养殖年限低的养殖户选择退出奶业的比较多。

表 6 - 2 奶牛养殖的退出户和养殖户在自身特征方面的对比

单位：个，%

	退出户		养殖户	
	样本数	比重	样本数	比重
户主的年龄				
年龄低于 45 岁	32	27	56	29
45 ~ 55 岁	35	29	84	44
年龄高于 55 岁	53	44	51	27
户主的受教育水平				
小学及以下	57	48	77	40
初中	54	45	81	43
高中及以上	9	7	33	17
户主的饲养年限				
低于 12 年	80	67	85	45
高于 12 年	40	33	106	55

资料来源：笔者及团队调查整理所得。

第三，家庭特征方面有差异。首先，对比退出户和养殖户的人均耕地面积情况，如表 6 - 3 所示，在退出户中，人均耕地低于 6 亩（包括 6 亩）的所占比重为 53%（比养殖户的这一比例高出 14%），人均耕地 6 ~ 12 亩（包括 12 亩）的所占比重为 31%（比养殖户的这一比例低 5%），人均耕地高于 12 亩的所占比重为 16%（比养殖户的这一比例低 9%）。所以人均耕地面积的缺乏可能对奶农的退出行为产生一定的影响。其次，对比人均财产。本书的财产主要考虑的是住房、家用电器、运输工具和生产性工具的估价。在所调查的样本户中，人均财产最高的有 50 多万元，最低的只有 2000 元，相差非常大，但是退出户和养殖户之间差异不大。用人均财产分三组包括人均财产低于 2 万元（包括 2 万元）、人均财产 2 万 ~6 万元以及人均财产高于 6 万元（包括 6 万元），这三组中退出户的比例分别为 33%、41% 和 26%，相应的养殖户的比例分别为 33%、37% 和 30%。所以退出户和养殖户的人均财产相差不大，人均财产可能对奶农退出行为没有影响。最后，对比养老保险。在退出户中购买养老保险的户所占比重为 56%，没有购买养老保险的户所占比重为 44%；在养殖户中相应比例分别为 33% 和 67%。由此可见，养殖户中没有购买养老保险的比例远远高于退出户。所以购买养老保险的奶农可能更容易退出奶业。

表 6-3　奶牛养殖的退出户和养殖户在家庭特征方面的对比

单位：个,%

	退出户		养殖户	
	样本数	比重	样本数	比重
人均耕地面积				
低于6亩	63	53	74	39
6~12亩	37	31	69	36
高于12亩	20	16	48	25
人均财产				
低于2万元	40	33	62	33
2万~6万元	49	41	71	37
高于6万元	31	26	58	30
是否购买养老保险				
已购买养老保险	67	56	62	33
没有购买养老保险	53	44	129	67

资料来源：笔者及团队调查整理所得。

第四，非农就业方面有差异。表 6 - 4 对比了退出户和养殖户的非农就业比例。没有非农就业的退出户所占的比重为 49%，比没有非农就业的养殖户所占的比重 59% 低 10%；非农就业比例低于 30%（包括 30%）的退出户比例和养殖户相应比例差不多，分别为 13% 和 17%；但是非农就业比例高于 30% 的退出户比例为 38%，比养殖户的相应比例高 14%。因此退出户的非农就业比例要高于养殖户，非农就业可能影响奶农的退出行为。

表 6 - 4　奶牛养殖的退出户和养殖户在非农就业方面的对比

单位：个,%

	退出户		养殖户	
	样本数	比重	样本数	比重
非农就业人数占劳动力比例				
非农就业比例 = 0	59	49	113	59
非农就业比例 > 0	61	51	78	41
非农就业比例低于 30%	15	13	33	17
非农就业比例高于 30%	46	38	45	24

　　资料来源：笔者及团队调查整理所得。

　　第五，市场条件方面有差异。本书选择村委会与最近的牛奶加工企业的距离作为市场条件变量，对比退出户和养殖户的市场条件。如表 6 - 5 所示，在退出户中，有 18% 的退出户所在的村委会与最近的牛奶加工企业的距离小于 25 公里，而 45% 的养殖户所在的村委会与牛奶加工企业的距离小于 25 公里。由此可见，离加工企业越近，选择奶牛养殖的越多，退出的越少，市场条件可能对奶农选择退出奶业产生一定的影响。

表 6 – 5　奶牛养殖的退出户和养殖户在市场条件方面的对比

单位：个, %

村委会与最近牛奶加工企业的距离	退出户		养殖户	
	样本数	比重	样本数	比重
小于 25 公里	22	18	86	45
25 ~ 30 公里	49	41	52	27
大于 30 公里	49	41	53	28

资料来源：笔者及团队调查整理所得。

6.3　实证模型研究小规模奶农退出奶业的决定因素

根据上述统计描述分析，确定奶农选择退出奶业的影响因素，通过建立计量模型实证研究小规模奶农退出奶业的决定因素。计量模型如下所示：

$Y_{ij} = F$（政策因素，奶农自身特征，家庭特征，激励因素，市场条件）＋随机扰动项

其中，变量 Y_{ij} 是第 j 个村第 i 个奶农的选择行为，当 Y_{ij} 选 1 时，代表奶农已经选择了退出奶业，当 Y_{ij} 选 0 时，代表奶农目前还在继续养殖奶牛。解释变量包括政策因素、农户自身特征、家庭特征、激励因素及市场条件。政策因素主要考虑了村里近五年是否有对大规模养殖户的补贴政策（1 = 是；0 = 否）；农户自身特征包括户主的年龄（周岁）、户主的受教育程度和户主养殖奶牛的年限等。家庭

特征变量考虑了家庭人均耕地面积、家庭人均财产（人均财产主要考虑的是家庭住房、家用电器、家庭运输工具和家庭生产性工具的大概估价）、家庭是否购买养老保险（1＝是；0＝否）等；激励因素考虑了家庭非农就业劳动力占家庭劳动力比例；市场条件变量考虑了村委会与最近的牛奶加工企业的距离。详细情况如表6－6所示。根据被解释变量的特征，选择 Logit 模型和 Probit 模型进行估计。

表6－6　实证计量模型所需要的所有变量的统计描述结果

	样本量	平均值	标准差	最小值	最大值
政策因素					
近5年所在村对大规模养殖户是否有补贴（1＝是；0＝否）	311	0.4	0.5	0	1
农户自身特征					
户主的年龄（周岁）	311	51	9.1	29	75
户主的受教育水平（年）	311	7	2.8	0	16
户主饲养时间（年）	311	14	7.3	2	34
家庭特征					
人均耕地面积（亩/人）	311	8.3	6.8	0	35
人均财产（元/人）	311	55840	73041	2063	501575
是否购买养老保险（1＝是；0＝否）	311	0.5	0.5	0	1
激励因素					
非农就业比例（%）	311	18.9	25.5	0	100
市场条件					
村委会与最近牛奶加工企业的距离（公里）	311	32.3	24.4	4	100

资料来源：笔者及团队调查整理所得。

模型估计结果如表6－7所示，结果分析如下：

表6-7　小规模农户退出奶业的决定因素的实证模型结果

	Logit 模型	Probit 模型
政策因素		
近5年所在村对大规模养殖户是否有补贴（1 = 是；0 = 否）	1. 14	0. 68
	(0. 28) ***	(0. 16) ***
农户自身因素		
户主的年龄（周岁）	0. 04	0. 02
	(0. 02) **	(0. 10) **
户主的受教育水平（年）	− 0. 03	− 0. 02
	(0. 05)	(0. 03)
户主的饲养年限（年）	− 0. 08	− 0. 04
	(0. 02) ***	(0. 01) ***
家庭特征因素		
人均耕地面积（亩/人）	− 0. 04	− 0. 03
	(0. 02) *	(0. 01) *
人均财产（元/人）	3. 69	1. 72
	(1. 83)	(1. 10)
是否购买养老保险（1 = 是；0 = 否）	1. 02	0. 61
	(0. 28) ***	(0. 17) ***
激励因素		
非农就业比例（%）	1. 23	0. 71
	(0. 54) **	(0. 32) **
市场条件因素		
村委会与最近的牛奶加工企业的距离（公里）	0. 02	0. 01
	(0. 01) ***	(0. 00) ***
常数项	− 2. 98	− 1. 80
	(1. 03) **	(0. 61) **
观测值	311	311
Log likelihood	− 167. 63	− 167. 66

注：括号中的数字是稳健标准误差；*、** 和 *** 分别表示在10%、5% 和1% 水平上显著。

第一，制度因素显著影响了奶农是否选择退出奶业的行为。在政策因素方面，近五年所在村对大规模养殖户有补贴的村奶农选择退出奶业的概率大，不管是 Logit 模型还是 Probit 模型估计结果，都在统计上达到 1% 的极显著水平。由此看来，小规模奶农退出奶业的现象在一定程度上是由于政府规模化偏好导致的制度变迁。

第二，户主年龄越大，退出奶业的概率越高，养殖时间越长，奶农选择退出奶业的概率越低。从表 6 - 7 可以看出，在 Logit 模型和 Probit 模型估计结果里都显示户主的年龄对奶农选择退出奶业有正的显著影响，统计上达到 5% 的显著水平。另外，户主的养殖奶牛时间越长，奶农选择不退出奶业的概率越高，而且在统计上达到 1% 的极显著水平。

第三，在家庭特征方面，人均耕地越多，奶农选择退出的越少；购买了养老保险的奶农家庭选择退出奶业的多。据调研数据可知，奶农养殖奶牛的最大成本是饲料成本，如果奶农家庭耕地少，饲料全部靠购买，养殖奶牛基本没有利润。所以耕地少的奶农不得不选择退出奶业。另外，购买养老保险可以适当减轻奶农对未来的担忧，所以购买养老保险的情况下，奶农选择退出奶业的概率也就较大。

第四，激励因素也显著影响了奶农的选择行为。奶农家庭非农就业人数占家庭劳动力比例越高，奶农选择退出奶业的概率越大。奶牛养殖是劳动密集型产业，如果家庭劳动力选择外出打工，奶牛养殖就缺乏劳动力，劳动力短缺的奶农不得不选择退出奶牛养殖。

第五，市场条件显著影响奶农退出奶业的选择行为。在市场条件方面，村委会与牛奶加工企业的距离对奶农退出奶业的影响为正，意味着村委会与牛奶加工企业的距离越远，奶农退出奶业的概率就越大。牛奶属于生鲜易腐产品，远距离销售需要高成本的冷链条件。

6.4 退出奶牛养殖的农户的就业及收入变化

本节主要关注小规模奶农退出奶业后就业和收入是否受到了影响的问题。小规模奶农退出奶业后首先面临的是如何维持生计的问题。由于奶农自身的文化水平不高，又缺少其他工作经验，所以存在不好找工作的问题。调研中发现，在 120 户退出户中有 101 户退出户没有任何其他技能或特长，所占比重 84.2%，在调查的所有退出户中，回答"退出奶业是否容易找工作？"时，有 79 户回答不好找，占 66%。另外，回答"退出奶牛养殖后您的生活是否变好？"时，有 67 户回答没有变好，占 56%（见表 6-8）。

表 6-8　奶牛养殖的退出户的就业和生活情况　　　　单位：户，%

	退出奶业后是否容易找其他工作		退出奶业后生活是否变好	
	是	否	是	否
样本数	41	79	53	67
所占比例	34	66	44	56

资料来源：笔者及团队调查整理所得。

在调研中我们也了解到很多奶农面临进退两难的困境。购买一头奶牛花费一万多元，对普通的小规模奶农来说是一笔大钱，也是一笔大的投资，一旦买回来再出售只能按照淘汰牛处理，奶农不甘心也舍不得。但是继续饲养，饲料成本逐年上升，入不敷出。而且家里的劳动力被捆在奶牛上，也无法出去临时打工补贴家用。而现状只是饲料价格上涨，饲养成本上涨，牛奶价格始终变化不大，甚至下降，小规模奶农既得不到规模效益，也看不到市场效益，还得不到政府补贴。调研中除了收集数据，还聆听了很多奶农的故事。课题组曾与一对上了年纪的养殖奶牛的夫妇交流，得知他们要求不高，种两亩地，养两头牛，地里除了种一些饲料供牛吃，还种一部分生活需要的蔬菜。两头牛每天产50斤奶，除了自己消费小部分，还能把一部分出售给奶站，手里能有活钱用。但是现在村里奶站被强行关闭了，他们的牛奶没地方出售，自己又消化不了，不知下一步怎么办。这就是小规模奶农面临的现实困境。

奶农退出奶业后的收入来源主要是种植收入、非农就业收入和除养牛以外的养殖收入，收入主要来源于非农就业收入。退出户正面临着收入下降、生计受到影响的情况。对比退出奶农的退出前后的家庭人均收入情况，由于不同的奶农退出奶业的时间不同，考虑到收入的可比性，我们用农村居民的消费价格指数进行了调整。从表6-9可以看出，退出奶业前奶农的家庭人均收入是15470元，而退出后变为13496元，人均收入少了1974元。

表6-9　奶农退出奶业前后的收入对比情况　　　　　单位：元

	均值	标准差	最小值	最大值
退出后家庭人均收入	13496	9158	3000	46367
退出前家庭人均收入	15470	13809	2667	68500

资料来源：笔者及团队调查整理所得。

6.5　本章小结

本章在统计描述小规模奶农退出奶牛养殖可能的影响因素的基础上，应用实证模型研究了其因果关系。模型结果显示，政策因素、奶农自身特征、家庭特征、激励因素和市场条件因素等均对小规模奶农选择退出奶业有显著的影响。其中，作为激励因素的非农就业比例对小规模奶农选择退出奶业的影响最大，且影响为正。其次是政府对大规模养殖有补贴的政策因素促进了小规模奶农选择退出奶业，在统计上达到显著。对退出奶农的进一步研究表明，小规模奶农退出奶业后正在面临着不好找其他非农工作、收入下降等情况。政府和奶企应该在考虑如何实现奶业可持续发展和社会公平的目标时，兼顾小奶农的生计问题。

近年来，政府对奶业的补贴力度很大，尤其是针对家庭牧场和奶业合作社的补贴数额不小。所以有一定实力的奶农正在响应政府号召，积极扩大养殖规模，进行养殖模式转型，注册为牧场或者奶业合作社，同时获得国家补贴，也获得了规模效益。但是，占绝大比例的小规模养殖散户的情况令人担忧。还在从事奶牛养殖的农户既没有能力扩大规模获得相应补贴，考虑到生计问题，也不敢轻易退出市场，到了进退两难的地步。即使选择退出奶业，退出户的情况多数也没有变好，就业、收入都受到了影响。

上述实证研究结论有较深刻的政策含义。奶牛养殖模式的转型需要逐步进行，逐步实现优质奶牛规模化生产，正确引导小规模养殖户逐步转型，逐步升级或逐步转行。考虑到社会发展公平问题，各级政府要尽可能举办一些确实可行的培训，让退出户掌握一技之长，减轻再就业的压力。从制度因素对奶农的选择行为有显著作用来看，政府可以适当帮助退出户办理养老保险、医疗保险等各种保险，减轻退出户的生活压力，逐步提高他们的收入。

第7章　结论和政策含义

　　本研究以内蒙古呼和浩特周边地区为例，以奶牛不同养殖模式为研究对象，利用统计描述分析和实证模型分析相结合的方法，通过奶牛养殖的统计宏观数据和不同养殖模式的调研微观数据，研究了近几年奶牛发展的总体趋势，不同规模养殖的投入产出对比，奶业合作社和奶农的关系，养殖小区和牧场的投入产出区别，不同规模牧场的硬件、软件方面的差距，奶农、合作社及牧场的效率差别，奶农、养殖小区及牧场的效率差距及影响因素，小规模奶农退出奶业的决定因素及退出奶业后的生计及就业情况等方面的内容，梳理了不同养殖模式的发展演化趋势，探讨了不同养殖模式的区别和联系，验证了不同养殖模式的效率，探寻了影响效率的决定因素，关注了小规模奶农退出奶业的影响因素及退出奶业后的生计与就业。本章在总结前文内容的基础上讨论了相应的政策含义。

7.1　主要结论

　　通过梳理不同学者关于奶牛养殖模式的发展演变规律，得到如下几点结论：首先，关于小规模养殖户的研究方面，学者们有不同的研究结论，有学者认为小规模奶农逐步退出奶业是产业发展的必然趋势，也是食品安全要求下的必然选择。也有学者认为小规模奶农选择退出奶业是无奈之举，是政府补贴大规模养殖的制度因素导致的，不是市场自然选择的结果。其次，关于奶牛养殖的影响因素方面，因为不同的学者选择的地区、数据和方法都不一样，因此研究结论也有很多分歧。总的来看，奶牛养殖的影响因素可以归为交通及市场条件、国家宏观政策、产品价格、养殖成本、地区资源禀赋、家庭就业及收入条件、农户自身特征及相关激励因素等。最后，关于奶牛养殖模式的效率及影响因素方面，学者们的研究也有很多差别。有些学者认为小规模养殖模式的效率更加稳定，小规模养殖更具有效率，也有学者认为中规模养殖模式的效率比小规模和大规模的高，中规模养殖更具有持续发展的潜力，当然多数学者认为大规模养殖有规模优势，效率更高，但是支持适度扩大规模更具有持续性。

奶业合作社和奶农的关系研究得出如下结论：奶业合作社和奶农的关系离真正意义上的利益共享、风险共担的利益共同体的合作关系还很远。多数奶业合作社成立的时候吸纳奶农进入，主要目的是想满足工商注册时对养殖规模的要求，因为只有养殖规模达到一定程度才能进行注册，只有完成工商注册且具有一定规模的奶业合作社才有可能得到国家对大规模养殖的补贴政策。所以加入合作社的奶农也仅是负责在统一地点饲养自己的奶牛，统一完成挤奶和售奶的劳动，没有能够分享到合作带来的利益。

关于养殖小区和牧场的研究得出如下几点结论：首先，养殖小区与规模牧场之间硬件条件有很大的差别。无论是牛舍条件，还是机器设备等固定资产投入方面，规模牧场远远比养殖小区条件好。其次，养殖小区和规模牧场之间软件条件也有很大的差别。技术人员的构成及养殖技术投入方面规模牧场的条件也远胜过养殖小区。最后，养殖小区和规模牧场在养殖奶牛的投入和产出方面也有一定的差距。规模牧场比养殖小区投入要多，产出也相对多一些，但是由于饲料成本的持续上涨及环保压力的不断增加，养殖小区基本处在不盈利状态，规模牧场也在微利状态中生存。

不同规模养殖的对比研究得出如下几点结论：首先，从宏观角度来看，利用统计年鉴数据对比不同规模养殖的投入和产出后发现，规模相对大一些的养殖户有能力加大各种要素投入，所以饲料投入和劳动力投入等方面，大规模养殖的投入比规模相对较小的养殖的投入多一些，因此大规模的产出明显比小规模的多一些。其次，从微观角度来看，利用第一手的调研数据，对比研究不同养殖规模牧场发现，在饲料费用和人工投入费用方面，大规模牧场明显比中规模和小规模牧场高，但是成本利润率并没有同步增长，中规模和小规模牧场的成本利润率反倒比大规模牧场的高。这可能由于大规模牧场除了生产投入大以外，疾病防控和防疫、环保压力和投入也大，而且由于部分牧场规模太大，各种成本无法控制，因此成本利润率反倒比其他规模牧场的低。最后，虽然大规模牧场有规模优势，可以得到规模效益，但是如果规模太大，不利于合理控制各种投入成本，也不利于环境保护，所以只有适度规模牧场才有可持续发展的潜力。

牧场、奶业合作社和奶农的效率研究得出如下几点结论：首先，牧场、奶业合作社及散户养殖这三种养殖模式的纯技术效率、规模效率及综合效率都没有达到最优水平，离最优水平都有一定差距。

相对来看，牧场的纯技术效率和综合效率比其他两个养殖模式要高。牧场和奶业合作社的规模效率比较接近，但是都比散户养殖的高。进一步研究发现，50% 以上的散户养殖的纯技术效率也达到了最优水平。其次，考察投入要素的冗余情况发现，散户在各种要素投入方面都有大量的冗余，说明散户在各种要素投入方面，缺乏合理的安排，存在浪费现象。最后，通过不同养殖模式的单产的对比研究发现，散户养殖的单产变动大，单产最高值和最低值的差距大，说明散户养殖的单产有一定的提高空间，通过提高单产，可进一步提高散户养殖的各种效率。

牧场、养殖小区及散户养殖的效率及影响因素研究得出如下几点结论：首先，从投入和产出的简单对比来看，总的来讲，牧场的投入和产出都比养殖小区和散户养殖要高一些。其次，超对数生产函数模型结果显示，不同养殖模式都存在技术效率损失。模型结果进一步显示，固定资产投入对产量有显著的影响。再次，要素投入的产出弹性研究结果显示，劳动力投入存在过剩现象。另外，固定资产的产出弹性比其他投入的产出弹性大。最后，随机前沿生产函数模型结果显示，不同养殖模式的技术效率都没有达到最优，牧场、养殖小区及散户的技术效率值分别为 0.9、0.8 和 0.7。进一步研究影响效率损失的决定因素发现，养殖模式和养殖规模对技术效率提高产生了正向的显著影响，精粗饲料比和养殖年限对技术效率提高产生了负向的显著影响。

小规模农户退出奶业的影响因素研究得出如下几点结论：首先，政府对大规模养殖的补贴政策显著影响了小农户退出奶业的行为。除此之外，农户自身特征、家庭特征、激励因素及市场条件等也对小农户的退出奶业的行为起到了显著的推动作用。其次，对退出户的生计和就业的进一步研究发现，小农户退出奶业以后遇到很多困境，收入水平下降，再就业遇到困难，生计问题面临挑战。最后，调研也发现，继续从事奶牛养殖的小农户即使没有退出奶业，仍然面临着进退两难的困境，饲料成本持续上升，原料奶的价格受到进口奶粉的冲击和乳品加工企业的挤压，多数小奶农面临入不敷出的困境。

7.2　政策含义

上述研究结论有如下几点政策含义：

第一，基于奶农与奶业合作社目前的松散关系，只有建立风险共担、利益共享的利益共同体才能解决目前的问题。从奶业合作社方面看，政府要提高奶业合作社注册的门槛，不能只看合作社提交的纸质材料，要进行实地考察，不能单方面只听他们怎么说，还得看他们怎么做，只有政府部门的监督工作做到位，才可能产生真正意义上的奶业合作社，奶农才有可能受益。从奶农的角度看，奶农不能只顾眼前利益，要从长远利益看问题，加入合作社前对自己的奶牛进行合理的估价，以奶牛入股形式加入奶业合作社，以股东的身份参与合作社的活动，所有条款以合同形式纸质留存，保证自己的法律权利，与合作社共同分担生产和市场的风险，共同分享生产和市场带来的收益。

第二，基于目前不管是养殖小区、奶业合作社、牧场还是养殖散户，在原料奶价格的确定上都缺乏话语权，只能由乳品加工企业定价，所以原料奶的供应方利益无法保障。因此，政府要发挥市场监管的作用，协调利益各方，建立原料奶的价格形成机制，原料奶的价格应该由原料奶供应各方包括奶农代表、奶业合作社、养殖小区、牧场及乳品加工企业共同协商确定，并实时公之于众，发挥广泛的社会监督力量，才能有效维护在乳品供应链中处于弱势地位的群体利益，才能保障原料奶供应方的合理利益，整个乳品产业才能可持续发展。

第三，基于奶牛不同养殖模式的效率都没有达到理想的最佳水平，尤其是中小规模养殖的效率有很大的提升空间，政府应当发挥好正确引导中小规模养殖逐步适度地扩大养殖规模的作用，获得合理的规模带来的效益，杜绝盲目扩大养殖规模，不同养殖主体应在改良品种和科学饲养上下功夫，提升单产，降低成本，提高效率。

第四，饲料成本是养殖成本中的主要部分，也是不同养殖模式不能盈利或在微利中经营的主要原因。政府要发挥监督饲料价格市场的作用，防止奶牛饲料价格的盲目上涨。不同养殖模式在扩大养殖规模时也要充分考虑是不是拥有降低饲料成本的资源禀赋。另外，不同养殖模式在精饲料和粗饲料的科学配比上下功夫，降低饲料成本，提高收益。

第五，从长远看，具有一定规模的养殖有利于获得规模效益，有利于控制养殖成本，也有利于相关职能部门的乳品安全监管，奶牛养殖业规模的扩大也离不开政府的支持，但是政府的扶持政策要兼顾效益和公平。考虑到无论是退出了奶业，还是在继续经营，小规模农户面临进退两难的现实困境都涉及社会发展的公平问题。奶牛养殖业的转型升级需要时间，需要逐步进行。政府应该对小规模养殖户的逐步规模化转型给予一定的支持，帮助小规模奶农逐步实现优质奶牛规模化生产。要将退出奶业生计面临问题的小农户纳入到贫困档案里，当地政府适当给予帮助，使他们能够尽快减轻再就业的压力，提高收入。

7.3　本研究可能的创新与不足

7.3.1　本研究可能的创新点

本研究可能的创新点：第一，本研究探讨奶牛养殖模式发生变化的背后的制度因素，研究小农户退出奶业是不是由于政府对规模偏好导致的制度变迁，这在乳业研究的国内外文献中鲜有报道。第二，本研究从制度和效率角度对奶牛养殖散户、奶牛养殖小区、家庭牧场及奶业合作社等不同养殖模式进行不同角度的对比研究，突破了以往只是从单方面研究的局限。

7.3.2　本研究的不足与进一步研究的方向

本研究的不足和进一步研究的方向：第一，探究养殖模式的演化需要多年的积累研究，本研究的年限长度不够，因此，本研究主要基于大量的文献回顾探讨了养殖模式的演化发展规律。以后将继续关注奶牛不同养殖模式的发展和变化，探索其发展演变规律。第二，由于人力、物力及时间的限制，本研究的研究区域只选择了乳业发展比较快的内蒙古呼和浩特周边地区，还没有对内蒙古的其他区域进行深入的研究，更没有对全国乳业发展比较快的河北、黑龙江等地区进行对比研究，这是本研究的缺憾。如果条件允许，研究团队准备选择更多的区域进行更深入的研究。第三，小农户与大市场之间的矛盾与博弈将长期存在，本研究对小规模农户退出奶业后的生产和生计缺乏更进一步的研究。研究团队将继续深入研究小农户与大市场的关系，探讨如何使小农户更好地融入日益发达的大市场中，如何使小农户分享大市场带来的收益等问题。

参考文献

［1］ Atmakusuma J. , Sinaga B. M. , Kusnadi N. and Kariyasa I. K. The Impact of Loans on Livestock Production Facilities on the Welfare of Dairy Farm Households in Lembang ［J］ . Jurnal Agribisnis Indonesia, 2019, 7 (1): 1 –11.

［2］ Asmara A. , Purnamadewi Y. L. and Lubis D. The Relationship Analysis between Service Performances of Milk Producer Cooperative with the Dairy Farm Performance of Members ［J］ . Media Peternakan, 2017, 40 (2): 143 –150.

［3］ Arfa N. B. , Daniel K. , Jacquet F. and Karantininis K. Agricultural Policies and Structural Change in French Dairy Farms: A Nonstationary Markov Model ［J］ . Canadian Journal of Agricultural Economics, 2015, 63 (1): 19 –42.

［4］ Ayal K. and Ami R. Efficiency Implications of the Dairy Farm Policy Reform in Israel ［R］ . Working Paper, 2018.

［5］ Adelaja A. O. Price Changes, Supply Elasticities, Industry Organization, 11 and Dairy Output Distribution ［J］ . American Journal of Agricultural Economics, 1991, 71 (1): 89 –102.

［6］ Alvarez A. , Corral J. D. , Solís D. and Pérez J. A. Does Intensification Improve the Economic Efficiency of Dairy Farms [J]. Journal of Dairy Science, 2008, 91 (9): 3693 – 3698.

[7] Aigner D., Lovell C. A. K. and Schmidt P. Formulation and Estimation of Stochastic Frontier Production Function Models [J]. Journal of Econometrics, 1977, 6 (1): 21 – 37.

[8] Alfons W. and Tauer L. Regional and Temporal Impacts of Technical Change in the U. S. Dairy Sector [J]. American Journal of Agriculture Economics, 1990, 72 (4): 923 – 934.

[9] Bajrami E., Wailes E. J., Dixon B. L., Musliu A. and Morat A. D. Do Coupled Subsidies Increase Milk Productivity, Land Use, Herd Size and Income? Evidence from Kosovo [J]. Studies in Agricultural Economics, 2019 (121): 134 – 143.

[10] Bragg L. A. and Dalton T. J. Factors Affecting the Decision to Exit Dairy Farming: A Two – Stage Regression Analysis [J]. Journal of Dairy Science, 2004, 87 (9): 3092 – 3098.

[11] Battese G. E. Frontier Production Functions and Technical Efficiency: A Survey of Empirical Applications in Agricultural Economics [J]. Agricultural Economics, 1992 (7): 185 – 208.

[12] Battese G. E. and Corra G. S. Estimation of a Production Frontier Model: With Application to the Pastoral Zone of Eastern Australia [J]. Australian Journal of Agricultural Economics, 1977, 21 (3): 169 – 179.

[13] Barichello R. R. The Canadian Dairy Industry: Prospects for Future Trade [J]. Canadian Journal of Agricultural Economics, 1999 (47): 45 – 55.

[14] Charnes A. , Cooper W. W. , Lewin A. Y. and Seiford L. M. Data Envelopment Analysis: Theory, Methodology and Application [J] . Journal of the Operational Research Society, 1997, 48 (3): 332 – 333.

[15] Chen W. and Holden N. M. Social Life Cycle Assessment of Average Irish Dairy Farm [J] . International Journal of Life Cycle Assessment, 2017 (22): 1459 – 1472.

[16] Cabrera V. , Solís D. and Corral J . Determinants of Technical Efficiency among Dairy Farms in Wisconsin [J] . Journal of Dairy Science, 2010, 93 (1): 387 – 393.

[17] Datta A. K. , Haider M. Z. and Ghosh S. K. Economic Analysis of Dairy Farming in Bangladesh [J] . Tropical Animal Health and Production, 2019 (51): 55 – 64.

[18] Diro S. , Getahun W. , Alemu A. , Yami M. , Mamo T. and Mebratu T. Cost and Benefit Analysis of Dairy Farms in the Central Highlands of Ethiopia [J] . Ethiopia Journal of Agricultural Science, 2019, 29 (3): 29 – 47.

[19] Ferrazza R. , Lopes M. , Prado D. , Lima R. and Bruhn F. Association between Technical and Economic Performance Indexes and Dairy Farm Profitability [EB/OL] . [2020 – 04 – 06] . https://doi. org/10. 37496/rbz4920180116.

[20] Ferjani A. Environmental Regulation and Productivity: A Data Envelopment Analysis for Swiss Dairy Farms [J] . Agricultural Economics Review, 2011, 12 (1): 45 – 55.

[21] Guadu T. and Abebaw M. Challenges, Opportunities and

Prospects of Dairy Farming in Ethiopia: A Review [J]. World Journal of Dairy & Food Sciences, 2016, 11 (1): 1 - 9.

[22] Gargiulo J. I., Eastwood C. R., Garcia S. C. and Lyons N. A. Dairy Farmers with Larger Herd Sizes Adopt More Precision Dairy Technologies [J]. Journal of Dairy Science, 2018 (101): 5466 - 5473.

[23] Gencdal F., Terin M. and Yildirim I. The Influence of Scale on Profitability of Dairy Cattle Farms: A Case Study in Eastern Part of Turkey [EB/OL]. [2009 - 03]. https://www. researchgate. net/profile/Mustafa_ Terin/publication/338421803.

[24] Hobbs J. Building Sustainable Supply Chains: The Role of Institutions [J]. Agricultural and Food Markets in Central and Eastern Europe, 2005 (31): 77 - 94.

[25] Hansson H. and Ferguson R. Factors Influencing the Strategic Decision to Further Develop of Dairy Production—A Study of Farmers in Central Sweden [J]. Livestock Science, 2010 (2): 110 - 123.

[26] Hassan S. A., Abdelaziz H. H. and Ibrahimc A. H. Technical Efficiency of Dairy Farms in Sudan: A Stochastic Frontier Aproch [J]. Journal of Agriculture and Research, 2018, 1 (12): 1 - 14.

[27] Herck K. V. and Swinnen J. Small Farmers, Standards, Value Chains and Structural Change: Panel Evidence from Bulgaria [J]. British Food Journal, 2015 (10): 2435 - 2464.

[28] Farjana F. and Khatun A. Technical Efficiency Assessment of Dairy Farm in the South - west Region of Bangladesh [J]. European Journal of Business and Management, 2019 (1905): 35 - 42.

[29] Foltz J. D. Entry, Exit and Farm Size: Assessing an Experiment in Dairy Price Policy [J]. American Journal of Agricultural Economics, 2004, 86 (3): 594 – 604.

[30] Farrell M. J. The Measurement of Productive Efficiency [J]. Journal of the Royal Statistical Society, 1957, 120 (3): 253 – 281.

[31] Jang H. and Du X. Evolving Techniques in Production Function Identification Illustrated in the Case of the US Dairy [J]. Applied Economics, 2019, 51 (14): 1463 – 1477.

[32] Mo D., Huang J., Jia, Luan X. H., Rozelle S. and Swinnen J. Checking into China's Cow Hotels: Have Policies Following the Milk Scandal Changed the Structure of the Dairy Sector [J]. American Dairy Science Association, 2012, 95 (5): 2282 – 2298.

[33] Mahnken C. L. and Hadrich J. C. Does Revenue Diversification Improve Small and Medium – Sized Dairy Farm Profitability [J]. Agricultural and Applied Economics Association, 2018, 33 (4): 1 – 5.

[34] Madau F. A., Furesi R. and Pulina P. Technical Efficiency and Total Factor Productivity Changes in European Dairy Farm Sectors [J]. Agricultural and Food Economics, 2017, 5 (1): 2 – 14.

[35] Manjeet K., Sekhon M. K. and Vikrant D. Economic Analysis of Milk Production among Small Holder Dairy Farmers in Punjab: A Case Study of Amritsar district [J]. Indian Journal of Economics and Development, 2016, 12 (2): 335 – 340.

[36] Mishra A. K., Joo M. and Fannin H. Off – Farm Work, Intensity of Government Payments and Farm Exits: Evidence from a National

Survey in the United States [J]. Canadian Journal of Agricultural Economics, 2014 (2): 283 – 306.

[37] Moschini G. The Cost Structure of Ontario Dairy Farms: A Microeconomic Analysis [J]. Canadian Journal of Agricultural Economics, 1988, 36 (2): 187 – 206.

[38] Nehring R., Gillespie J., Erickson K., Harris J. M., Heutte S. and Sauer J. Small U. S. Dairy Farms: Can They Compete [R]. A Revisit, Southern Agricultural Economics Association Annual Meeting, Jacksonville, Florida, 2018.

[39] Neutzling A., Dossaa L. and Schlecht E., Production and Milk Marketing Strategies of Small – scale Dairy Farmers in the South of Rio Grande do Sul [J]. Brazil Journal of Agriculture and Rural Development in the Tropics and Subtropics, 2017, 118 (2): 283 – 295.

[40] Kumbhakar S. C., Tsionas E. G. and Sipiläinen T. Joint Estimation of Technology Choice and Technical Efficiency: An Application to Organic and Conventional Dairy Farming [J]. Journal of Productivity Analysis, 2009, 31 (3): 151 – 161.

[41] Squicciarini M., Vandeplas A., Janssen E. and Swinnen J. Supply Chains and Economic Development: Insights from the Indian Dairy Sector [J]. Food Policy, 2017 (68): 128 – 142.

[42] Schmidt P. and Lovell C. A. K. Estimating Technical and Allocative Inefficiency Relative to Stochastic Production and Cost Frontiers [J]. Journal of Econometrics, 1979, 9 (3): 343 – 366.

[43] Tauer L. W. Efficiency and Competitiveness of the Small New York Dairy Farm [J]. Journal of Dairy Science, 2002, 84 (11):

2573 – 2586.

[44] Tauer L. W. and Mishra A. K. Can the Small Dairy Farm Remain Competitive in U. S. Agriculture [J]. Food Policy, 2006, 31 (5): 458 – 468.

[45] Weersink A. and Tauer L. W. Regional and Temporal Impacts of Technical Change in the U. S. Dairy Sector [J]. American Journal of Agricultural Economics, 1990, 72 (4): 923 – 934.

[46] Westbrooke V. and Nuthall P. Why Small Farms Persist? The Influence of Farmers' Characteristics on Farm Growth and Development— The Case of Smaller Dairy Farmers in NZ [J]. Australian Journal of Agricultural and Resource Economics, 2017 (61): 663 – 684.

[47] Wu Y. H. , Gray R. and Klein K. K. Changing the Milk Marketing Channel in China after the Melamine Scandal: Impacts on Dairy Farmers' Feed Inputs and Milk Revenues [J]. International Journal of Research in Management Economics and Commerce, 2015, 5 (3): 139 – 155.

[48] Whitman A. Impacts of Massachusetts Dairy Farms and Key Farm Assistance Programs: A Summary of the 2016 Massachusetts Dairy Farm Impact Survey [R]. Massachusetts Dairy Promotion Board, 2017.

[49] Wang Y. H. and Li B. Production System Innovation to Ensure Raw Milk Safety in Small Holder Economies: The Case of Dairy Complex in China [J]. Agricultural Economics, 2018 (49): 787 – 797.

[50] Zeng S. , Gould B. W. and Du X. Evaluation of Dairy Farm Technical Efficiency: Production of Milk Components as Output Measures [R]. Agricultural & Applied Economics, Association Annual Meeting,

Boston，Massachusetts，2016.

［51］Zeqiri M.，Bicoku Y.，Gjeçi G. and Pire E. Dairy Farms Gross Margin – Case of Kosovo［J］. Macedonian Journal of Animal Science，2016，6（2）：131－138.

［52］卜卫兵，李纪生. 我国原料奶生产的组织模式及效率分析［J］. 农业经济问题，2007（6）：67－72.

［53］白文怀，刘德明. 制度规制下乳业供应链前端养殖模式演变与创新［J］. 黑龙江畜牧兽医，2016（9）：24－26.

［54］宝音都仍，郭晓川. 基于委托—代理理论的奶业企业与奶站利益关系研究［J］. 内蒙古社会科学，2006，27（6）：140－144.

［55］蔡秀玲. 农业小规模经营与交易成本初探［J］. 当代经济研究，2003（1）：54－57＋67.

［56］陈念红，曹暕. 中国不同奶牛养殖规模的技术效率分析［J］. 湖南农业大学学报，2010（1）：54－57.

［57］曹暕，孙顶强，谭向勇. 农户奶牛生产技术效率及影响因素分析［J］. 中国农村经济，2005（10）：42－48.

［58］杜富林. 内蒙古奶业经营模式的演进及其问题［J］. 内蒙古社会科学，2012（5）：122－126.

［59］杜凤莲，马慧峰，付红全. 中国不同模式原料奶生产技术效率分析［J］. 农业现代化研究，2013（4）：486－490.

［60］道日娜，乔光华. 内蒙古奶业生产组织模式创新与乳品质量安全控制［J］. 农业现代化研究，2009，30（3）：298－301.

［61］房风文，孔祥智. 不同养殖方式下奶农的技术效率及其影响因素分析——基于呼和浩特市的调查和 SFA 方法应用［J］. 江汉

论坛，2011（6）：88 – 93.

　　［62］范馨乐．奶牛养殖小区模式与牧场模式的对比研究——以呼和浩特为例［D］．呼和浩特：内蒙古农业大学硕士论文，2017.

　　［63］冯艳秋，陈慧萍，彭华，聂迎利．2011年主产区奶牛不同养殖模式生产管理状况调查与分析［J］．中国乳业，2012（122）：2 – 7.

　　［64］郜亮亮，李栋，刘玉满，刘宇．中国奶牛不同养殖模式效率的随机前沿分析——来自7省50县监测数据的证据［J］．中国农村观察，2015（3）：64 – 73.

　　［65］黄季焜．农产品供求视角下农业经济和政策前沿问题研究［J］．经济经纬，2010（1）：1 – 7.

　　［66］侯守礼，王威，顾海英．不完备契约及其演进：政府、信任和制度——以奶业契约为例［J］．中国农村观察，2004（6）：46 – 54.

　　［67］何忠伟，韩笑，余洁，刘芳．我国奶牛养殖户生产技术效率及影响因素分析［J］．农业技术经济，2014（9）：46 – 51.

　　［68］花俊国．机会成本下的奶牛养殖最小经济规模研究［J］．中国乳品工业，2013（4）：40 – 44.

　　［69］贾璐．内蒙古小规模奶农退出奶业的影响因素及就业和收入状况研究［D］．呼和浩特：内蒙古农业大学硕士论文，2016.

　　［70］汲鹏．呼和浩特地区不同规模牧场的成本效益对比研究［D］．呼和浩特：内蒙古农业大学硕士论文，2017.

　　［71］姜冬梅，申倩，申荣．基于AHP方法分析奶业产业化组织模式的路径选择——以呼和浩特市奶业为例［J］．农业技术经济，2010（5）：112 – 119.

［72］孔祥智，钟真．中国奶业组织模式研究［J］．奶业经济，2009（4）：22－25.

［73］罗必良．小农经营，功能转换与策略选择［J］．农业经济问题，2020（1）：29－47.

［74］路遥，王奇，蒋永宁，起建凌，王文杰，徐若英．世界主要乳制品生产国的乳业制度与政策回顾［J］．中国畜牧杂志，2012，48（22）：55－58＋66.

［75］刘玉满．发达国家奶业发展模式对我国的启示［J］．中国乳业，2014（152）：6－7.

［76］刘长全，刘玉满，李静，姚梅，黄文明．加拿大奶业供给管理体系考察及对中国的启示［J］．世界农业，2012，400（8）：73－79.

［77］刘长全，刘玉满．2017年中国奶业经济形势展望及相关建议［J］．中国乳业，2017（19）：19－23.

［78］李翠霞，葛娅男．我国原料乳生产模式演化路径研究——基于利益主体关系视角［J］．农业经济问题，2012（7）：33－38.

［79］李翠霞，郑亮．黑龙江省奶牛养殖组织化程度分析［J］．黑龙江畜牧兽医，2014（3）：83－86.

［80］李胜利．我国奶牛养殖模式及发展情况［J］．中国畜牧杂志，2008，44（14）：36－41.

［81］李胜利．2012年中国奶业回顾与展望［J］．中国畜牧杂志，2013，49（2）：31－36.

［82］李胜利．中国奶业白皮书［R］．中荷奶业发展中心，2014.

［83］梁亚静，王玉婷．奶牛养殖最优规模的确定——基于多目

标规划的方法 ［J］. 中国畜牧杂志，2012（10）：44 – 48.

［84］刘希，李彤，张曼玉. 我国不同奶牛养殖规模的技术效率及其影响因素分析 ［J］. 江苏农业科学，2017，45（16）：308 – 312.

［85］刘芳，危薇，何中伟. 中外奶业政策比较分析 ［J］. 世界农业，2014（1）：68 – 73.

［86］刘威. 我国原料奶生产演变和全要素生产率研究 ［D］. 郑州：河南农业大学博士论文，2011.

［87］刘威，张培兰，马恒运. 我国不同规模奶牛场的技术效率及其影响因素分析——基于新分类数据和随机距离函数 ［J］. 技术经济，2011（1）：50 – 55.

［88］刘畅. 基于奶农利益的奶业合作社发展模式研究 ［D］. 呼和浩特：内蒙古农业大学硕士论文，2015.

［89］马恒运，王济民，刘威，陈书章. 我国原料奶生产 TFP 增长方式与效率改进——基于 SDF 与 Malmquist 方法的比较 ［J］. 农业技术经济，2011（8）：18 – 25.

［90］马恒运，唐华仓，Allan Rae. 中国牛奶生产的全要素生产率分析 ［J］. 中国农村经济，2007（2）：40 – 48.

［91］马占新，马生昀，包斯琴高娃. 数据包络分析及其应用案例 ［M］. 北京：科学出版社，2013.

［92］农业农村部. 新型农业经营主体和服务主体高质量发展规划（2020—2022 年）［EB/OL］. 农政改发，http：//www. moa. gov. cn/govpublic/zcggs/202003，2020.

［93］彭秀芬. 中国原料奶的生产技术效率分析 ［J］. 农业技术经济，2008（6）：23 – 29.

［94］钱贵霞，赵文哲，李佳儒．基于可持续价值的奶牛规模化养殖的可持续性评价［J］．中国奶牛，2015（11）：51－56．

［95］宋亚攀，宋亚伟，杨利国．规模化奶牛场生产饲料的策略与优势［J］．中国乳业，2010（2）：28－30．

［96］孙溥．鼓励家庭农场引领奶牛适度规模养殖［J］．中国乳业，2015（168）：42－43．

［97］苏东水．产业经济学［M］．北京：高等教育出版社，2010．

［98］乌云花，修长柏，郑喜喜，杨艳玲．农户奶牛养殖的主要影响因素的实证分析［J］．农业经济，2012（2）：20－23．

［99］乌云花，黄季焜，Scott Rozelle，杨志坚．农户奶牛养殖与乳品加工业扩展［J］．农业经济问题，2007（12）：62－69．

［100］乌云花，黄季焜．生鲜农产品的市场供应链研究［M］．北京：中国农业大学出版社，2014．

［101］乌云花，贾璐，许黎莉．小规模养殖户退出奶业的影响因素的实证研究——以呼和浩特周边地区为例［J］．中国畜牧杂志，2015，51（24）：49－53＋59．

［102］乌云花，赵雪娇，乔光华，道日娜．内蒙古周边奶牛不同养殖模式效率的对比研究［J］．中国乳品工业，2017，45（8）：37－42．

［103］乌云花，王慧，董晓霞．基于SFA模型的奶牛不同养殖模式的技术效率研究——以内蒙古为例［J］．上海农业学报，2019，35（6）：135－140．

［104］王威，顾海英，侯守礼．奶业产业化进程与政府职能转变［J］．上海农业学报，2004，20（4）：148－151．

[105] 王贵荣，王建军．家庭奶牛养殖水平的影响因素分析——基于新疆奶牛养殖户的问卷调查 [J]．中国畜牧杂志，2010，46（10）：13-18.

[106] 王慧．内蒙古地区奶牛不同养殖模式的效率对比及影响因素研究——基于 SFA 方法的应用 [D]．呼和浩特：内蒙古农业大学硕士论文，2017.

[107] 文娟．中国乳品产业纵向一体化问题研究 [D]．成都：西南财经大学硕士论文，2010.

[108] 王莉，刘洋．奶农生产行为的特征及影响因素研究 [J]．中国畜牧业杂志，2012（16）：4-7.

[109] 王淋峰，蒋磊，周国权．2011 年上半年辽宁省奶牛生产形势分析 [J]．现代畜牧兽医，2011（8）：10-11.

[110] 徐美银，钱忠好．我国农地制度变迁的内在逻辑 [J]．江苏社会科学，2009（3）：38-43.

[111] 辛国昌，张立中．不同规模奶牛养殖的成本和收益比较 [J]．财会月刊，2011（5）：44-46.

[112] 谢霞，池泽新．澳大利亚奶业组织制度及其对我国的启示 [J]．合作经济，2010（5）：67-71.

[113] 于海龙，李秉龙．中国奶牛养殖的区域优势分析与对策 [J]．农业现代化研究，2012（2）：150-154.

[114] 杨志武，李翠霞．黑龙江省原料乳散户生产模式问题研究 [J]．黑龙江畜牧兽医，2012（10）：16-18.

[115] 姚梅．从产业政策视角看我国奶牛养殖主体的新旧更替 [J]．中国乳业，2013（139）：26-29.

[116] 尹春洋．中国奶牛规模养殖的成本效益分析 [J]．中国

畜牧杂志，2013，49（16）：4－6，10.

［117］亦戈．海外乳业综述［J］．中国牧业通讯，2008（22）：41－43.

［118］伍德里奇．计量经济学导论：现代观点（第五版）［M］．北京：中国人民大学出版社，2017.

［119］周宪锋．我国奶业产业主体博弈分析［J］．中国奶牛，2012（24）：4－10.

［120］赵云平，刘秀梅，鲍震宇．奶业组织模式变迁及对奶农利益的影响［J］．调研世界，2006（6）：20－23.

［121］赵文哲，钱贵霞．奶牛规模化养殖的可持续性评价［J］．中国人口·资源与环境，2013（11）：435－438.

［122］朱娟．我国农户散养奶牛规模经济分析——以内蒙古呼和浩特市为例［J］．中国乳业，2009（10）：23－26.

［123］詹冬玲．中国奶牛养殖模式演变趋势浅析［J］．吉林畜牧兽医，2013（9）：14.

［124］张海清，王子军．农业产业链新特征背景的主体利益：奶业与种业［J］．改革，2012（11）：98－103.

［125］张维银．个体散养户淡出奶牛养殖业是行业升级后的必然结果［J］．中国乳业，2013（143）：22－24.

［126］张永根，李胜利，曹志军，周鑫宇．奶牛散养户长期存在的必然性和未来出路的思考［J］．中国畜牧杂志，2009（2）：50－54.

［127］张吉鹍．制约奶牛养殖效益的因素［J］．中国奶牛，2014（15）：7－10.

［128］张菲，卫龙宝．我国奶牛养殖规模与原料奶生产效率研

究——基于 DEA – Malmquist 方法的实证［J］. 农业现代化研究，2013，34（4）：491－495.

［129］张旭光，赵元凤. 畜牧业保险能够稳定农牧民的收入吗？——基于内蒙古包头市奶牛养殖户的问卷调查［J］. 干旱区资源与环境，2016，30（10）：40－46.

［130］郑军南，黄祖辉. 农业产业演化中的政府规制变迁机理和证据——基于中国奶业产业发展的实践与观察［J］. 农村经济，2016（8）：38.

［131］赵雪娇. 基于 DEA 模型对内蒙古不同奶牛养殖模式效率的实证研究［D］. 呼和浩特：内蒙古农业大学硕士论文，2015.

［132］中国统计年鉴［M］. 北京：中国统计出版社，1997，2015，2019.

［133］钟真. 生产组织方式、市场交易类型与生鲜乳质量安全——基于全面质量安全观的实证分析［J］. 农业技术经济，2011（1）：13－23.

后　记

　　本书凝聚了很多硕士研究生的心血。李尊娟、赵雪娇、刘畅、仝颖、贾璐、苏日娜、王冬雪、杨金龙、王慧、汲鹏、范馨乐、安俊臣、韩海鹏、杜义日格其、于童、苏丹、乌云、李杰磊、张艺、永梅、温青超、丹丹、孙雪嵩等硕士研究生积极组织和参加了项目不同研究阶段的实地调研、数据录入和分析任务。尤其要感谢硕士研究生赵雪娇、刘畅、仝颖、贾璐、王慧、汲鹏及范馨乐对本书的贡献，她们的硕士论文都是在我的国家自然基金项目的支持下顺利完成的，本书也是在她们的硕士论文的基础上重新整理修订成形的。因此，本书凝聚了她们的汗水和智慧！在此，我对自己的硕士研究生们的出色研究工作和研究能力倍感欣慰，也衷心感谢她们对本书做出的贡献。

　　感谢内蒙古农业大学经管院的领导和老师们的支持！感谢我所在的国家自然基金课题组所有参与人员的支持和帮助！感谢呼市农牧局的范挨计局长和包头农牧局的王军科长长期以来给予研究生团队实地调研工作的帮助，也感谢各地农牧局及乳业办公室的同志们对调研给予的莫大帮助，在此衷心感谢他们对我们科研团队的大力支持，谢谢你们！也感谢那么多合作社、牧场、养殖小区和奶农的大力支持与配合！

另外，也特别感谢我的家人！感谢爱人唐巴特尔和儿子唐呼博成一直以来对我科研工作的大力支持，感谢他们在美国新冠肺炎疫情肆虐的艰苦日子里每天通过视频鼓励我，给我坚持的力量！感谢我的母亲和兄弟姐妹们的关心和担心！你们是我不怕困难、充满信心的源泉！